热带医学特色高等教育系列教材

海南生态文明建设

张军　季玉祥　主编
刘洁　于春伟　副主编

·广州·

图书在版编目（CIP）数据

海南生态文明建设/张军，季玉祥主编．—广州：中山大学出版社，2022.12
热带医学特色高等教育系列教材
ISBN 978－7－306－07688－5

Ⅰ.①海…　Ⅱ.①张…②季…　Ⅲ.①生态环境建设—海南—高等学校—教材
Ⅳ.①X321.266

中国版本图书馆 CIP 数据核字（2022）第 249932 号

出 版 人：王天琪
项目策划：徐　劲
策划编辑：吕肖剑
责任编辑：吕肖剑
封面设计：林绵华
责任校对：邱紫妍
责任技编：靳晓虹
出版发行：中山大学出版社
电　　话：编辑部 020－84110283，84113349，84111997，84110779，84110776
　　　　　发行部 020－84111998，84111981，84111160
地　　址：广州市新港西路 135 号
邮　　编：510275　　传　　真：020－84036565
网　　址：http://www.zsup.com.cn　E-mail：zdcbs@mail.sysu.edu.cn
印 刷 者：广州市友盛彩印有限公司
规　　格：787mm×1092mm　1/16　　11.25 印张　　288 千字
版次印次：2022 年 12 月第 1 版　2022 年 12 月第 1 次印刷
定　　价：38.00 元

前　言

生态文明建设是我们党和政府按照科学发展观的根本要求作出的重大战略部署。若生态遭到破坏，整个人类文明将失去赖以立足的根本，必然走向衰亡。这是人类跨入文明社会后，文明演化留给我们的经验教训。生态文明建设的推动，关键在人。只有把生态文明教育融入育人的全过程中，才能为未来培养具有生态文明价值观和实践能力的建设者和接班人。生态文明教育是人类为了实现可持续发展和创建生态文明社会，将生态、生态系统等生态学的相关思想、理念、原理、原则与方法纳入现代全民基础教育的过程。相对而言，学生更容易接受新的知识理论，将生态文明理念融入校园文化、融入课堂，能潜移默化地提高学生生态文明意识。文化教育领域的生态文明建设，其宗旨是让人们都能认可可持续发展理念，全社会形成爱护自然、保护环境的社会风尚。因此，我们必须按照党的十九大报告要求，把教育事业放在优先发展的位置，加快实现教育现代化；同时，以习近平总书记的生态文明思想为引导，培养大批优秀的具有可持续发展理念和生态文明意识的优秀人才。

教育是国之大计、党之大计，把生态文明教育融入育人全过程，是教育服务中华民族伟大复兴的重要使命。自联合国发布《2030年可持续发展议程》《可持续发展教育全球行动计划》以来，联合国教科文组织不断加大世界各国推进可持续发展教育的力度。我国教育部根据相关规划也进一步作出了“加强可持续发展教育”的部署，面向未来的学校建设可以在可持续发展的视角下，聚焦生态文明，开展生态教育，创建生态校园。这次部署聚焦国家发展战略，突出问题导向，系统谋划发展，紧密结合习近平总书记的生态文明思想，绘就了今后一个时期学校生态文明教育发展的宏伟蓝图。

海南是我国唯一兼具经济特区和国家生态文明试验区身份的省份。良好的生态环境是其发展的核心竞争力；积极推进生态文明建设，谱写美丽海南新篇章，是国家赋予海南的重大使命。2017年，海南省通过了《关于进一步加强生态文明建设谱写美丽中国海南篇章的决定》（以下简称《决定》），系统部署了生态文明建设，标志着海南生态文明建设进入了新的阶段。海南省教育厅坚决落实省委《决定》，加快推进生态文明教育进校园，普及青少年生态文明教育，增强学生生态文明意识，引导全社会树立崇尚生态文明的良好氛围，把校园生态文明教育纳入学生素质教育的基本内容。2018年，海南省教育厅印发了《海南省教育厅关于大力推行生态文明教育的实施意见》（以下简称《意见》），对海南大中小学生态文明建设做出了具体规划。

教材是学校教育教学的基本依据，是解决培养什么样的人、如何培养人以及为谁培养人这一根本问题的载体，直接关系到党的教育方针的有效落实和教育目标的全面实现。要有效实现生态文明教育，必须出版优秀的教材。海南省教育厅要求以教材建设作为生态文明建设的主要抓手之一，计划于 2022 年基本完成具有海南特色的生态文明教育地方教材（课程）体系建设。

在大力推行生态文明教育的背景下，我们启动了具有海南地方特色的生态文明教育教材的编写工作。在教材的编写修订过程中，坚持以习近平新时代中国特色社会主义思想和生态文明思想为指引，贯彻党的十九大精神，“落实立德树人根本任务，发展素质教育”，突出基础教育与人文素质教育，将生态文明教育贯穿于基础教育全过程。同时，加强实践基地的建设，将海南具有地方特色的生态文明建设案例纳入教材体系中，强化实践教学。

该教材在编写宗旨上，坚持质量第一，将思想政治教育贯穿全书，牢牢把握生态文明教育发展的新形势和新要求，坚持与时俱进、不断创新。我们希望该教材的出版能够进一步推动海南省生态文明教育不断深化改革，为培养高质量的优秀人才做出贡献。

Contents 目 录

第一章　绪论

要点导航：

（1）掌握生态、生态系统、生态文明的内涵。

（2）熟悉人类文明发展的阶段。

（3）了解我国生态文明建设发展的历程。

在过去漫长的文明史发展过程中，人类先后经历了原始文明、农业文明和工业文明，现在正逐步跨入生态文明时代。生态文明是与物质文明、政治文明、精神文明和社会文明并列的一种文明形式，主要强调的是人与自然的和谐相处，强调如何在遵循自然规律的基础上进行生产活动和生活活动。

第一节　基本概念

随着活动范围的扩大，人类与环境之间的问题日益突出。生态学作为一门学科，自诞生以来，其发展趋势和其他很多自然科学一样，由定性研究趋向定量研究，由静态描述趋向动态分析，逐渐向多层次的综合研究发展，与其他某些学科的交叉研究日益广泛。人类所面临的人口、资源、环境等问题都是生态学的研究内容。在学习生态文明建设相关内容前，我们先了解一下生态、生态系统等基本概念。

1.1　生态及生态系统

1.1.1　生态

生态（ecology），指生物在一定的自然环境下生存和发展的状态，也指生物的生理特性和生活习性，现在通常指的是生物的生活状态。简单地说，生态就是指一切生物的生存状态，以及它们之间和它们与环境之间环环相扣的关系。生态学作为一个学科名词，是德国科学家海克尔（E. Haeckel）在其所著的《普通生物形态学》（*Generelle Morphologie der Organismen*，1866 年）一书中首次提出的。他认为生态学是研究生物在其生活过程中与环境的关系，尤其是指动物有机体与其他动物、植物之间的互惠和敌对关系。此后，由于研究背景和研究对象的不同，不同学者提出了不同的生态学定义。美国生态学家奥德姆（E. P. Odum，1956 年）认为“生态学是研究生态系统结构和功能的科学”。中国生态学会创始人马世俊（1980 年）对生态学的定义是“研究生命系统与环境系统之间相互作用规律及其机制的科学”。生态学的定义颇多，目前大部分还是采用了海克尔的定义，即“生态学是研究生物及环境间相互关系的科学”。这里，生物包括动物、植物、微生物及人类本身，而环境则指生物生活其中的无机因素、生物因素和人类社会。

随着研究的深入，“生态”一词所涉及的范畴也越来越广。通常，人们用“生态”来定义美好的事物，如美的、健康的、和谐的事物均可以用“生态”进行修饰。当然，多元的世界需要多元的文化，不同的文化背景、文化体系对“生态”的定义也有所不同。例如，在南朝梁简文帝《筝赋》“丹荑成叶，翠阴如黛。佳人采掇，动容生态”以及《东周列国志·第十七回》“（息妫）目如秋水，脸似桃花，长短适中，举动生态，目中未见其二”中的“生态”指的是显露美好的姿态。唐代杜甫《晓发公安》诗的“隣鸡野哭如昨日，物色生态能几时”和明代刘基《解语花·咏柳》词的“依依旎旎、嫋嫋娟娟，生态真无比”中的“生态”指的是生动的意态。我国著名作家秦牧在《艺海拾贝·虾趣》中写道：“我曾经把一只虾养活了一个多月，观察过虾的生态。”这里的“生态”指的是生物的生理特性和生活习性。

1.1.2 生态系统

1935 年，英国生态学家亚瑟·乔治·坦斯利（A. G. Tansley）受丹麦植物学家尤金纽斯·瓦尔明（E. Warming）的影响，对生态系统的组成进行了深入的考察，首先提出了生态系统（ecosystem）的概念：“Ecosystem is the whole system, including not only the organism-complex, but also the whole complex of physical factors forming what we call the environment.”（生态系统是一个系统的整体。这个系统不仅包括有机复合体，而且包括形成环境的整个物理因子复合体，这种系统是地球表面上组成自然界的基本单位，它们有各种大小和种类）。从此，人们开始从更宏观的角度去认识自然生态环境。坦斯利的生态系统概念提出后，很多生态学家根据自己的研究方向、内容的不同对生态系统概念做出了多样的解释和定义。例如，苏联生态学家 B. H. Cukageb（1942 年）所说的生物地理群落的基本含义与生态系统的概念相同；E. R. Fosberg（1963 年）将生态系统描述为“由一个或多个生物有机体与对其有影响的环境组成的有功能和相互作用的系统”；N. Polunin 和 E. B. Worthington（1990 年）提出了用于更大系统的名词“生态复合体”。此外，1940 年，美国生态学家 R. L. 林德曼（R. L. Lindeman）在对赛达伯格湖（Cedar Bog Lake）进行定量分析后发现了生态系统在能量流动上的基本特点，即著名的林德曼定律：能量在生态系统中的传递不可逆转；能量在传递的过程中逐级递减，递减率为 10%～20%。

生态系统，指在自然界的一定空间内，生物与环境构成的统一整体，在这个统一整体中，生物与环境之间相互影响、相互制约，并在一定时期内处于相对稳定的动态平衡状态。任何生态系统都是由生物因素和非生物因素两部分组成。非生物部分主要包括阳光、水分、空气、土壤等各种物理和化学的因素；生物部分主要分为生产者、消费者和分解者三大功能类群。生态系统各个成分之间紧密联系，因此，生态系统是一个具有一定功能的有机整体。生态系统的范围可大可小、相互交错。地球上的生态系统的类别很多，可以简单地可以分为水域生态系统和陆地生态系统。水域生态系统又可分为海洋生态系统和淡水生态系统。陆地生态系统又可分为森林生态系统、农田生态系统、草原生态系统、荒漠生态系统以及冻原生态系统等。同时，生态系统也是一个开放系统，地球上大部分自然生态系统可通过自我调节来维持其稳定性（动态平衡），这是长期进化的结果。为了维系其自身的稳定，在生态系统内部，生产者、消费者、分解者和非生物环境之间，在一定时间内保持能量与物质输入、输出动态的相对稳定状态。生态系统的功能主要表现在生物生产、能量流动、物质循环和信息传递等方面。

1.2 生态危机与可持续发展

1.2.1 生态危机

在一定时间、空间内，生态系统中的生物和环境、生物各个种群，通过能量流动、物质循环和信息传递，使它们相互之间达到高度适应、协调和统一的状态，即生态平衡（ecological equilibrium）。也就是说当生态系统处于平衡状态时，系统内各组成成分之间保持一定的比例关系。能量、物质的输入与输出在较长时间内趋于相等，结构和功能处于相对稳定状态，在受到外来干扰时，能通过自我调节恢复到初始的稳定状态。生态系统平衡是一种动态平衡，因为能量流动和物质循环仍在不间断地进行，生物个体也在不断地进行更新。现实中生态系统常受到外界的干扰，但干扰造成的损坏一般都可通过负反馈机制的自我调节作用得到修复，使系统维持其稳定与平衡。

不过，生态系统的调节能力是有一定限度的。当外界干扰压力很大，使系统的变化超出其自我调节能力的限度时，系统的自我调节能力会随之丧失。有人将生态系统比喻为弹簧，它能承受一定的外来压力，压力一旦解除就恢复到原始的状态。但弹簧有弹性限度，生态系统的自我调节功能也有一定的限度。当外界的干扰压力（如火山爆发、地震、泥石流、雷击火烧、人类修建大型工程、排放有毒物质、喷洒大量农药、人为引入或消灭某些生物等）超过生态系统的忍耐力或生态阈值时，系统的自动调节能力会明显下降甚至消失。此时，生态系统中各部分以及它们之间的联系呈现出不协调以至对立的状态，系统结构遭到破坏，功能受阻，整个系统受到严重伤害乃至崩溃，即出现生态失调（ecological imbalance）。

20 世纪以来，一方面世界人口的快速增长，导致需求增大；另一方面，科学技术飞速发展，人类干预自然界的规模和强度不断地扩大和深化，人类滥用科学技术盲目征服自然、在创造了前所未有的生产力的同时，也破坏了人类赖以生存的自然环境，造成了生态系统严重失衡。在局部区域乃至全球范围内导致生态系统的结构破坏和功能损害、生命维持系统瓦解；与此同时，人类的生存、发展和利益也受到威胁，即出现生态危机（ecological crisis）。

一系列全球性的生态危机使人类的生命健康和地球的前途命运都受到了威胁，说明地球再也没有能力支持工业文明的继续发展。1962 年，美国科普作家蕾切尔·卡逊（Rachel Louise Carson）在《寂静的春天》（*Silent Spring*）中以生动而严肃的笔触，描写因过度使用化学药品和肥料而导致的环境污染、生态破坏，最终给人类带来灭顶之灾。该书引发了公众对环境问题的关注，各种环境保护组织纷纷成立。同时，她是最早提出当时经济发展的道路不对、需要改变路径的人，但是对于走一条什么样的路她没有明确。1972 年，麻省理工学院丹尼斯·米都斯（Dennis L. Meadows）等教授撰写了《增长的极限》（*The Limits to Growth*），指出地球的支撑能力和承载能力都是有限的。第一次向人们展示了在一个有限的星球上无止境地追求增长所带来的后果，提出以限制或者停止经济增长的方式来避免突破地球承载的极限，引发了关于增长极限的大讨论。同年，联合国在瑞典首都斯德哥尔摩召开了第一次“联合国人类环境会议”，通过了著名的《人类环境宣言》，揭示了环境污染与生态因素以及社会因素之间的关系，从而揭开了人类共同保护环境的序幕。

1.2.2 可持续发展

1983 年，联合国大会通过并成立了世界环境与发展委员会（World Commission on Environment and Development，WCED），主要负责制定长期的环境对策、研究有效解决环境问题的途径。1987 年，WCED 发表了题为《我们共同的未来》的报告。该报告以“持续发展”为基本纲领，分为“共同的问题”“共同的挑战”“共同的努力”三个部分，该报告第一次阐述了可持续发展的概念，并且提出了三个鲜明的观点：环境危机、能源危机与发展危机，三者不可分割；地球的资源和能源远不能满足人类发展的需要；必须为了当代人和下代人的利益改变发展模式。其中第二个观点与《增长的极限》观点一致，第三个观点则呼应了雷切尔·卡逊的观点，而且进一步明确了我们需要的目标发展模式，即可持续发展模式。

1992 年，联合国环境与发展大会将“可持续发展”定义为：“满足当代人需求，又不损害子孙后代，满足其需求能力的发展。”同年，经济学者 Young 提出了可持续发展的“3E 处方”，也称“3E”原则，即环境完整（environmental Integrity）、经济效率（economic efficiency）、公正秩序（equity）。“3E”原则是对可持续发展提出的总原则，即从三个方面来考量社会经济的发展和可持续发展要达到的目标。“3E”原则的实质是人的问题，是人类的可持续发展，包括经济可持续发展、生态可持续发展和社会可持续发展三个相互联系的可持续发展。

第二节 生态文明概念的提出

人类开始觉悟到必须改变经济发展模式和人与自然的关系，遵循自然规律进行生产，提倡可持续发展的那一刻，就意味着人类对大自然的态度开始发生质的变化。人类文明的方式也在发生改变，需要开创一个新的文明形态来延续人类的生存，人类开始从工业文明跨入另一个文明，即生态文明这个崭新的阶段。

2.1 人类文明发展的历程

文明，是人类文化发展的成果，是人类改造世界的物质和精神成果的总和，也是人类社会进步的象征。在漫长的人类历史长河中，人类文明经历了原始文明、农业文明和工业文明三个阶段。

（1）原始文明。

原始文明也称为渔猎文明。在这个时期，人类的生产力非常低下，必须依赖集体的力量才能生存，物质生产活动主要为简单的采集渔猎。人类对自然开发、支配的能力有限，人类和其他动物一样，属于“自然界中的人”，人类把自然视为神秘的主宰。因此，那时的人类对自然环境基本不构成危害和破坏。

（2）农业文明。

从原始社会进入农业社会，这是人类发展过程中的一次重大转折。人类从采集者和狩猎者那种“自然界中的人”进化为不断开垦土地种植作物的农民、养殖的牧民和城镇居民，也就是成为有能力“与自然对抗的人”。农业文明被视为人类对自然环境的第一次重大冲击，从对资源的开发利用和对环境的影响的角度来看，人口、资源、环境协调发展的问题从这时已经产生。当然，此时的环境问题主要是生态环境破坏问题。

（3）工业文明。

18 世纪后半叶的第一次产业革命之后，蒸汽机得以广泛使用；19 世纪 70 年代，随着电力的使用，人类社会进入第二次产业革命，一方面，社会生产力得到空前发展，认为“人类主宰自然”；另一方面，人类对自然资源的开发利用和对环境的影响发生了转折性的变化，城市规模迅速扩大，对各种资源的需求量剧增，生态环境日趋恶化。工业污染是这一时期出现的新问题，人类社会所面临的环境问题呈现出生态破坏与环境污染并存的格局，但由于经济发展不平衡，从全球看，这种格局还是区域性的。

20 世纪爆发的两次世界大战，一方面给全世界人民带来了深重的灾难，另一方面也刺激了许多工业和科学技术的发展。电力、石油、化学工业及机器制造业等在世界经济中逐渐占据主导地位。这些产业结构的突出特点，就是生产过程需要大量的各类自然资源。尤其是化学工业，特别是有机化学工业的崛起，合成了大量的、自然界不存在的化学物质，使人类社会与自然环境间发生的大规模的物质交换出现了阻碍。许多化学合成物质在自然界无法分解，大量的有毒有害物质又使自然界的分解能力遭到损害，加之对自然环境的大规模开发，严重破坏了生态系统乃至整个生物圈的结构及功能，削弱了自然界对这些干扰的净化和调节能力。气候变化、臭氧层空洞、酸雨及生物多样性锐减等对人类的生存构成威胁的重大全球性环境问题也是从这个时期开始积累的，环境污染和生态破坏并存的格局也由区域性扩展为全球性。

2.2　生态文明的提出

生态文明是可持续发展战略向人们展示一种崭新的价值取向，揭示了可持续发展战略的深刻内涵。300 年来的工业文明以人类征服自然为主要特征。世界工业化的发展使征服自然的文化达到极致，一系列全球性的生态危机说明地球很难继续如此支持工业文明的发展。人类意识到各种各样的环境问题已经影响到人类的生存和发展，需要开创一个新的文明形态来延续人类的生存，要重新认识人和自然的关系，就是要使“人与自然和谐共生”，这就是生态文明。如果说农业文明是“黄色文明”，工业文明是“黑色文明”，那生态文明就是“绿色文明”。因此，生态文明是人类文明发展的一个新的阶段。

我国生态农业科学家叶谦吉教授首次使用生态文明（ecological civilization）这一概念。1987 年 6 月，在全国生态农业研讨会上，叶谦吉教授针对我国生态环境趋于恶化的态势，呼吁“要大力提倡生态文明建设”，引起与会者的共鸣。叶谦吉教授从生态学和生态哲学的角度阐述生态文明。他认为，生态文明是既获利于自然又返利于自然，既改造自然又保护自然，人与自然之间始终保持着和谐统一的关系。1995 年，美国著名作家、评论家罗伊·莫里森（Roy Morrison）在其出版的《生态民主》（*Ecological Democracy*）一书中，提出了现代意义上的生态文明的概念，真正把生态文明看作工业文明之后的一种文明形态。2007 年 5 月，我国人学家张荣寰在《中国复兴的前提是什么》一文中，首次将生态文明定性为世界伦理社会化的文明形态，提出中国需要“生态文明发展模式”，世界需要“生态文明进程”；中华民族的复兴必将启动中华民族生态文明发展模式，主要走人权生活化、新型城镇化、产业自优化的发展道路。

2007 年 10 月，党的十七大报告首次把生态文明列入中国共产党的正式文献，这是我们党科学发展、和谐发展理念的一次升华。2012 年 11 月，党的十八大把生态文明建设放在突出位置，首次把“美丽中国”作为未来生态文明建设的宏伟目标，把生态文明建设与经济建设、政治建设、文化建设、社会建设一起纳入中国特色社会主义现代化建设“五位一体”的总体布局，使生态文明建设的战略地位更加明确。吸收十八大成果，从人与自然和谐的角度来看，可以这样定义生态文明：生态文明是人类为保护和建设美好生态环境而取得的物质成果、精神成果和制度成果的总和，是贯穿于经济建设、政治建设、文化建设、社会建设全过程和各方面的系统工程，反映了一个社会的文明进步状态。

第三节 我国生态文明建设概况

改革开放 40 多年来，中国共产党在中国特色社会主义建设过程中，立足基本国情和国际环境，积极应对社会发展的新要求，深入开展生态文明建设实践，总结出生态文明建设思想，逐步形成了中国特色生态文明建设理论。按照国家不同时期的侧重方向和发展特点，我国生态文明建设发展经历初步形成期、快速发展期和提高完善期三个阶段。

3.1 初步形成期（改革开放至 20 世纪 90 年代中期）

党的十一届三中全会以来，党和国家工作重点转移到了经济建设上，由此，在经济快速增长、生产力大力发展的同时，环境污染、能源危机等问题也逐渐暴露出来。因此，国家把植树造林放在了生态环境保护的首位。1979 年 2 月，我国将每年的 3 月 12 日确定为植树节，同年开始三北防护林的营造。为了进一步消除污染、保护环境，1983 年 2 月发布的《国务院关于结合技术改造防治工业污染的几项规定》明确指出，要把“三废”[①] 治理、综合利用和技术改造有机地结合起来。1983 年 12 月，第二次全国环境保护会议召开，明确了“环境保护是我国的一项基本国策”，制定了“预防为主，防治结合”“谁污染，谁治理”和“强化环境管理”三项环境保护工作的基本政策。1989 年 4 月，第三次全国环境保护会议通过了《1989—1992 年环境保护目标和任务》和《全国 2000 年环境保护规划纲要》，为我国展开中长期环境保护规划了蓝图，会议提出了“向环境污染宣战”的口号。1989 年 12 月，第七届全国人民代表大会常务委员会第十一次会议通过了《中华人民共和国环境保护法》，这是我国第一部环境保护的基本法律，对我国环境保护做出了详细、全面的规定，为我国生态环境保护和改善发挥了重要作用。1992 年，我国生态文明建设进入可持续发展阶段，从环境保护到可持续发展，党和国家对生态文明的认识和建设实践都有了重要推进。1994 年发布的《中国 21 世纪议程》，是制定国民经济和社会发展中长期计划的指导性文件。

3.2 快速发展期（20 世纪 90 年代中期至党的十八大召开前）

1996 年 7 月，第四次全国环境保护会议在北京召开，会议指出保护环境的实质就是保

① “三废”一般指工业污染源产生的废水、废气和固体废弃物。

护生产力。1996年8月颁布的《国务院关于环境保护若干问题的决定》，就实行环境质量行政领导负责制、认真解决区域环境问题、坚决控制新污染、加快治理老污染、禁止转嫁废物污染等做出了具体规定。1997年9月，党的十五大报告提出“资源开发和节约并举，把节约放在首位，提高资源利用效率”“在我国现代化建设中必须实施可持续发展战略”。2000年11月，国务院印发《全国生态环境保护纲要》，强调“通过生态环境保护，遏制生态环境破坏，减轻自然灾害的危害；促进自然资源的合理、科学利用，实现自然生态系统良性循环；维护国家生态环境安全，确保国民经济和社会的可持续发展”。2002年11月，党的十六大提出要加快改造传统工业的步伐，“以信息化带动工业化，以工业化促进信息化，走出一条科技含量高、经济效益好、资源消耗低、环境污染少、人力资源优势得到充分发挥的新型工业化路子”。2003年6月，《中共中央 国务院关于加快林业发展的决定》指出“加强生态建设，维护生态安全，是21世纪人类面临的共同主题，也是我国经济社会可持续发展的重要基础。全面建设小康社会，加快推进社会主义现代化，必须走生产发展、生活富裕、生态良好的文明发展道路；实现经济发展与人口、资源、环境的协调，实现人与自然的和谐相处”。2003年10月，党的十六届三中全会提出了科学发展观，强调以人为本，全面、协调、可持续发展，要求统筹人与自然的关系，体现了中国共产党可持续发展思想的与时俱进。2005年3月，胡锦涛同志在中央人口资源环境工作座谈会上提出了生态文明的概念，指出当前环境工作的重点任务之一是“完善促进生态建设的法律和政策体系，制定全国生态保护规划，在全社会大力进行生态文明教育”。2005年10月，“加快建设资源节约型和环境友好型社会”被写入中共十六届五中全会报告；同月，《中共中央关于制定国民经济和社会发展第十一个五年规划的建议》也将“建设资源节约型、环境友好型社会”提到前所未有的高度。2005年12月发布的《国务院关于落实科学发展加强环境保护的决定》，提出要“强化法治，综合治理；坚持依法行政，不断完善环境法律法规，严格环境执法”。

2007年10月，党的十七大首次把“生态文明”写入党代会报告，进一步提出了生态文明的概念，把生态文明建设列入全面建设小康社会的目标和社会主义文明建设的总体体系中，并对如何建设生态文明做出了具体的部署：要求建设以资源环境承载力为基础、以自然规律为准则、以可持续发展为目标的资源节约型、环境友好型社会。经过建设，基本形成节约能源资源和保护生态环境的产业结构、增长方式、消费模式；循环经济形成大规模，可再生能源比重显著上升；主要污染物排放得到有效控制，生态环境质量明显改善；生态文明观念在全社会牢固树立。

这一时期，我国的环境保护工作开始走上了法制化的轨道，相继制定了《中华人民共和国环境噪声污染防治法》，修订了《中华人民共和国森林法》《中华人民共和国海洋环境保护法》《中华人民共和国草原法》《中华人民共和国水污染防治法》《中华人民共和国水土保持法》。通过加强生态立法、普法与执法工作，促进了生态法制的发展与完善，为解决生态问题提供了有力的法制保障。

3.3 提高完善期（党的十八大召开至今）

2012年11月，党的十八大把推进生态文明建设提升到前所未有的战略高度，纳入国

家发展大计、上升为国家意志，并提出美丽中国建设目标，开启了生态文明建设的新时代。党的十八大报告指出“必须树立尊重自然、顺应自然、保护自然的生态文明理念”，要“着力推进绿色发展、循环发展、低碳发展”。2013 年 5 月，习近平总书记在中共中央政治局第六次集体学习时的讲话中强调“只有实行最严格的制度、最严密的法治，才能为生态文明建设提供可靠保障”。2013 年 11 月，中共十八届三中全会通过《中共中央关于全面深化改革若干重大问题的决定》，提出加快生态文明制度建设，用制度保护生态环境。2014 年 4 月，十二届全国人大常委会第八次会议表决通过了《中华人民共和国环境保护法修订案》，法律增加了政府、企业各方面责任和处罚力度，为我国生态文明建设提供了有力的法律保障。2015 年 5 月印发的《中共中央 国务院关于加快推进生态文明建设的意见》，首次强调加快推进生态文明建设要以健全生态文明制度体系为重点。2015 年 9 月，中共中央、国务院印发的《生态文明体制改革总体方案》，为我国生态文明建设提供了有力的制度保障。至此，我国生态文明制度体系基本形成。

2017 年 10 月，党的十九大报告首次把“美丽”纳入社会主义现代化强国目标，把“坚持人与自然和谐共生”作为坚持和发展新时代中国特色社会主义的基本方略之一，并从推进绿色发展、着力解决突出环境问题、加大生态系统保护力度、改革生态环境监管体制四个方面提出了加快生态文明体制改革，建设美丽中国的具体措施。党的十九大报告提出“人与自然是生命共同体，人类必须尊重自然、顺应自然、保护自然”。尊重自然、顺应自然、保护自然这一生态文明理念的确立，是中国共产党在我国工业化、城市化发展速度加快，以及我国资源危机和环境恶化日益严峻形势下对传统经济发展方式进行深刻反思得出的结论。报告还指出“统筹山水林田湖草系统治理”“构建政府为主导、企业为主体、社会组织和公众共同参与的环境治理体系”。生态文明建设是一个系统工程，只有以系统思维从多方面、多角度、多层次来抓，按照系统工程的思路全方位开展，才能提高生态文明建设的整体水平，实现美丽中国的建设目标。2018 年 3 月召开的十三届全国人大一次会议，李克强总理所做的政府工作报告在总结十八大以来我国生态文明建设取得成效的同时，进一步强调要进行生态文明体制改革，推行生态环境损害赔偿制度，完善生态补偿机制，以更加有效的制度保护生态环境。

党的十八大、十九大都把生态文明作为一个单独话题以展开具体的论述。十八大提出“美丽中国”的概念，强调把生态文明建设放在突出地位，融入经济建设、政治建设、文化建设、社会建设各方面和全过程；十九大把“美丽”纳入社会主义现代化强国的价值目标中。在十九大报告“加快生态文明体制改革建设美丽中国”部分，习近平总书记进一步提出了“生态文明体制改革”的思想，并做出了统筹改革的部署；同时，十九大又提出了“社会文明”这个概念，至此“五个文明”与“五位一体”、社会主义现代化的“五个价值目标”相互对应，构成一个完整的社会主义文明建设体系。这五个文明建设在社会主义文明体系中相互依存、相互渗透、相互促进，构成一个有机的文明整体。其中，生态文明占有着特殊的重要地位：它为物质文明提供劳动的对象和劳动的资源；它是精神文明建设的有机组成部分；它是政治文明建设的重要组成部分；它是社会文明的应有之义。由此可以看出，若生态文明遭到破坏，整个人类文明就会失去赖以立足的前提，因而必然走向衰亡。这就是自人类跨入文明社会以来，文明演化留给我们的经验教训和智慧启迪。

生态文明重在践行。生态文明建设是一个包括生态意识建设、生态产业建设、生态生活建设、生态体制建设几个方面的系统工程，只有把这几个方面有机结合起来，才能有效推动生态文明建设。2018 年 5 月，习近平总书记在全国生态环境保护大会上的重要讲话中提出要加快构建生态文明新体系，并且创新地提出了其主要构成：以生态价值观念为准则的生态文化体系；以产业生态化和生态产业化为主体的生态经济体系；以改善生态环境质量为核心的目标责任体系；以治理体系和治理能力现代化为保障的生态文明制度体系；以生态系统良性循环和生态风险有效防控为重点的生态安全体系。在这五大体系中，生态文化体系是灵魂和导向，生态经济体系是物质前提和基础，目标责任体系是手段和载体，生态文明制度体系是关键和保障，生态安全体系是基石和底线。这五个方面构成一个严密完整的生态文明建设新体系，它的提出是在继承和总结以往生态文明建设理论成果和实践经验的基础上所做出的一个新的发展和新的升华，因而成为新时代中国特色社会主义生态文明建设的根本遵循和基本纲领。

党的十八大以来，以习近平同志为核心的党中央对生态文明建设做出了全面战略部署，将生态文明建设推向新的高度，生态文明体制改革步伐明显加快，我国生态文明建设取得了显著成效。经过多年的生态文明建设实践，中国共产党生态文明建设思想不断丰富完善，形成了习近平新时代中国特色社会主义生态文明思想。全党、全社会对生态文明建设的认识上升到关系中华民族伟大复兴、关系共产党执政地位的战略高度。在习近平生态文明建设思想的指导下，各级地方政府根据地方特点，制定相关规章制度，积极引导生态文明建设。全国自然环境生态水平总体提高，国土绿化面积增加近一倍，森林质量及覆盖率提高；耕地保有量保持稳定；沙化、荒漠化土地持续减少；主要污染物排放减少；全国酸雨区面积大幅度下降；全国地表水质，特别是大江大河干流水质稳步提升；单位 GDP 能耗量和水耗量都在下降；等等。生态环境保护领域之所以发生历史性变革、取得历史性成就，一个重要原因就在于牢固树立、深入践行了“山水林田湖草是生命共同体”的系统思想、“绿水青山就是金山银山”的理念，以及坚持节约资源和保护环境的基本国策。在习近平新时代中国特色社会主义思想的指引下，我国坚持人与自然和谐共生，推进绿色发展，努力建设美丽中国，这不仅对实现中华民族的永续发展具有重要意义，也将对国际社会推进绿色发展和生态文明建设产生重大影响。同时，中国积极加入相关国际环境条约协定，为发展中国家环境保护提供资金，认真履行相关义务，为构建人类命运共同体、促进全球生态安全和人类可持续发展承担相应责任，赢得了国际社会的一致好评。

思考题

（1）你是如何理解生态和生态系统的？

（2）什么是生态危机？什么是可持续发展？

（3）人类文明的发展经历了哪些阶段？每个阶段有什么特点？

（4）简述我国生态文明建设发展的历程。

第二章　海南省生态文明建设概述

要点导航：

(1) 掌握海南省生态文明建设的时代背景和科学意义。

(2) 熟悉海南省的地理环境、自然资源、区域经济和文化特色。

(3) 了解海南省生态文明建设的发展历程。

海南省是我国唯一兼具经济特区和生态文明示范区的省份，良好的生态环境是其发展的核心竞争力。积极推进生态文明建设、谱写美丽海南新篇章，是国家赋予海南省的重大使命。

第一节　海南省概况

海南省简称“琼”，是中华人民共和国最南端的省级行政区，省会海口，是中国的经济特区、国家生态文明建设试验区、自由贸易试验区。现有 4 个地级市、5 个县级市、4 个县、6 个自治县。截至 2019 年年底，全省常住人口为 944.72 万人，聚居了汉、黎、苗、回等 20 多个民族。海南省具有得天独厚的生态环境，全年雨量充沛、光照充足，自然资源丰富，尤其是热带资源和海洋资源。

1.1　地理环境

海南省的地理位置介于东经 108°37′—111°03′，北纬 18°10′—20°10′之间。其位置独特，四面环海，北以琼州海峡与广东省划界，西临北部湾与越南相对，东濒南海与台湾省相望，东南和南边在南海中与菲律宾、文莱和马来西亚为邻。海南省的管辖范围包括海南岛和西沙群岛、南沙群岛、中沙群岛的岛礁及其海域。全省陆地总面积 3.54 万 km^2，海域面积约 200 万 km^2。

海南有地处热带北缘，属热带季风气候，享有“天然大温室”的美誉。其年平均气温 22～27℃，年光照为 1750～2650 h，全年无霜冻，冬季温暖，稻可三熟，菜满四季，是中国南繁育种的理想基地。此外，其雨量充沛，年降水量为 1000～2600 mm，年平均降水量为 1639 mm。海南四周低平，中间高耸，以五指山、鹦哥岭为隆起核心，向外围逐级下降。山地、丘陵、台地、平原构成环形层状地貌，梯级结构明显。比较大的河流大都发源于中部山区，组成辐射状水系。全岛独流入海的河流共 154 条，其中水面超过 100 km^2 的有 38 条。南渡江、昌化江、万泉河为海南省的三大河流，流域面积占全岛面积的 47%。

图 2－1　海口市的标志性建筑——世纪大桥

1.2　自然资源

海南具有得天独厚的生态环境，其自然资源丰富，包括土地资源、作物资源、动植物资源、南药资源、水产资源、海盐资源和矿产资源等。

1. 土地资源

海南是中国最大的“热带宝地”，土地总面积 3.54 万 km^2，约占全国热带土地面积的 42.5%，可用于农、林、牧、渔的土地人均约 0.48 公顷。由于光、热、水等条件优越，生物生长繁殖速率优于温带和亚热带地区，农田终年可以种植，不少作物一年可收获 2～3 次。按适宜性划分，土地资源可分为七种类型：宜农地、宜胶地、宜热作地、宜林地、宜牧地、水面地和其他地。海南土地后备资源较丰富，开发潜力较大。

图 2－2　海南橡胶林

2. 作物资源

粮食作物是海南种植业中面积最大、分布最广、产值最高的作物，主要有水稻、旱稻、山兰坡稻、小麦；其次是番薯、木薯、芋头、玉米、高粱、粟、豆等。经济作物主要有甘蔗、麻类、花生、芝麻、茶等；水果种类繁多，栽培和野生果类29科、53属，栽培形成商品的水果主要有菠萝、荔枝、龙眼、香蕉、柑桔、芒果、西瓜、杨桃、波罗蜜等；蔬菜有120多个品种。海南热带作物资源丰富，栽培面积较大、经济价值较高的热带作物主要有橡胶、椰子、油棕、槟榔、胡椒、剑麻、香茅、腰果、可可等。

图2-3　文昌市东郊椰林

3. 植物资源

海南的植被生长快，植物繁多，是热带雨林、热带季雨林的原生地。到目前为止，海南岛有维管束植物4000多种，约占全国维管束植物品种总数的1/7，其中600多种为海南所特有。在4000多种植物资源中，药用植物2500多种；乔灌木2000多种，其中800多种经济价值较高，被列为国家重点保护的特产与珍稀树木有20多种；果树（包括野生果树）142种；芳香植物70多种；热带观赏花卉及园林绿化美化树木200多种。

植物资源的最大藏量在热带森林植物群落类型中，热带森林植被垂直分带明显，且具有混交、多层、异龄、常绿、干高、冠宽等特点。热带森林主要分布于五指山、尖峰岭、霸王岭、吊罗山、黎母山等林区，其中五指山属未开发的原始森林。热带森林以生产珍贵的热带木材而闻名全国，在1400多种针阔叶树种中，乔木达800种，其中458种被列为国家的商品材。属于特类木材的有花梨木、坡垒、子京、荔枝、母生等5种，一类材34种，二类材48种，三类材119种；适于造船和制造名贵家具的高级木材有85种，珍稀树种45种。

图 2－4　尖峰岭国家森林公园——鸣凤谷热带雨林

4. 动物资源

海南陆生脊椎动物有660种，其中两栖类43种、爬行类113种、鸟类426种、哺乳类78种。在陆生脊椎动物中，23种为海南特有。世界上罕见的珍贵动物有黑冠长臂猿和坡鹿、水鹿、猕猴、黑熊、云豹等。2021年2月，新版《国家重点保护野生动物名录》公布后，海南省林业局公布的海南省国家重点保护陆生野生动物名单，共记录了6个纲、161种动物（鸟纲121种，哺乳纲15种，爬行纲13种，昆虫纲9种，两栖纲2和，蛛形纲1种），其中国家一级重点保护陆生野生动物从原来的11种增加到29种，国家二级重点保护陆生野生动物从62种增加至132种。

图 2－5　海南黑冠长臂猿

5. 南药资源

海南动植物药材资源丰富，共有4000多种，素有“天然药库”之称。其中，可入药的约有2000种，占全国的40%；药典收载的有500种，经过筛选的抗癌植物有137种、南药30多种；最著名的是槟榔、益智、砂仁、巴戟四大南药。动物药材和海产药材资源有鹿茸、猴膏、牛黄、穿山甲、玳瑁、海龙、海马、海蛇、琥珀、珍珠、海参、哈壳、牡蛎、石决明、海龟板等近50种。

图2-6　槟榔果

6. 渔业资源

海南的海洋水产资源具有渔场广、品种多、生长快和鱼汛期长等特点，是中国发展热带海洋渔业的理想之地。全省海洋渔场面积近30万km^2，可供养殖的沿海滩涂面积2.57万公顷，海洋水产超过800种，其中鱼类有600多种。许多珍贵的海特产品种已在浅海养殖，经济价值较高的有鱼、虾、贝、藻类等20多种。

图2-7　陵水深远海网箱养殖

7. 矿产资源

海南矿产资源种类丰富，全省共发现矿产 88 种，经评价有工业储量的矿种共 70 种，其中已探明列入矿产资源储量统计的有 59 种，产地 487 处。海南矿产资源主要包括石油、天然气、黑色金属、有色金属、贵金属、稀有金属、冶金辅助原料、化工原料、建筑材料、其他非金属矿、地下水、热矿水和饮用天然矿泉水等种类。探明储量位于全国前列的优势矿产有石油、天然气、玻璃用砂、钛铁砂矿、锆英砂矿、宝石、富铁矿、铝土矿（三水型）、饰面用花岗岩、饮用天然矿泉水、热矿水等。此外，许多沿海港湾滩涂都可以晒盐，其中莺歌海盐场是中国南方少有的大盐场。

图 2 －8　昌江黎族自治县石碌铁矿

8. 旅游资源

（1）海岸带景观。

海南岛拥有长达 1944 km 的海岸线，沙岸占 50%～60%，沙滩宽数百米至 1000 多米不等，向海面坡度一般为 5°，缓缓延伸。多数地方风平浪静、海水清澈、沙白如絮、清洁柔软；岸边绿树成荫、空气清新，海水温度一般为 18℃～30℃，阳光充足明媚，一年中多数时间可供人们进行海浴、日光浴、沙浴和风浴。当前旅游爱好者喜爱的阳光、海水、沙滩、绿色、空气这五个要素，海南环岛沿岸均兼而有之。海口至三亚东岸线就有 60 多处可辟为海滨浴场。环岛沿海有不同类型的具有滨海风光特色的景点，在东海岸线上的热带海涂森林景观—红树林和海岸地貌景观—珊瑚礁，均具有较高的观赏价值。截至目前，已在海口东寨港、文昌清澜港等地建立红树林保护区。

图 2－9　三亚湾椰梦长廊风光

（2）海岛。

环海有 100 余个岛屿，主要分布在东部和南部沿海。西沙群岛有 22 座岛屿，陆地面积约为 8 km^2，其中面积最大的为永兴岛。这些岛屿地处热带，日照时间长，光能充足，四周海水清澈，水生资源丰富。目前，已开展旅游项目的岛屿有蜈支洲岛、西岛、分界洲岛、西沙群岛等。

图 2－10　蜈支洲岛

（3）山岳、热带原始森林。

海南海拔达 1000 m 以上的山峰有 81 座，绵延起伏，山形奇特，气势雄伟。颇负盛名的有山顶部成锯齿状、形如五指的五指山，气势磅礴的鹦哥岭，奇石叠峰的东山岭，瀑布飞泻的太平山，以及七仙岭、尖峰岭、吊罗山、霸王岭等，均是登山旅游和避暑的胜地。海南山岳最具特色的是热带原始森林，包括乐东尖峰岭、昌江霸王岭、陵水吊罗山和琼中五指山四个热带原始森林区，其中以乐东尖峰岭最为典型。

图2－11　尖峰岭国家森林公园（海南热带雨林国家公园管理局尖峰岭分局）

（4）大河、瀑布、水库风光。

海南有南渡江、昌化江、万泉河等河流。滩潭相间、蜿蜒有致、河水清澈，是旅游观景的好地方，尤以万泉河风光闻名全国。大山深处的小河或山间小溪密布，瀑布众多，其中五指山的太平山瀑布和琼中的百花岭瀑布久负盛名。海南岛上还有不少水库，特别是松涛、南扶、长茅、石碌等水库具湖光山色之美，不是湖泊胜似湖泊。

图2－12　松涛水库风光

（5）火山、溶洞、温泉。

历史上的火山喷发，在海南岛留下了许多死火山口。最为典型的是位于海口的石山，石山有海拔200多米的双岭，岭上有两个火山口，中间连接一个下凹的山脊，形似马鞍，又名马鞍岭。石山附近的雷虎岭火山口、罗京盘火山口保存得十分完整。此外，海南还有不少千姿百态的喀斯特溶洞，其中著名的有三亚的落笔洞、保亭的千龙洞、昌江的皇帝洞等。岛上温泉分布广泛，多数温泉矿化度低、温度高、水量大、水质佳，属于治疗性温泉，且温泉所在区域景色宜人，如兴隆温泉、官塘温泉、南平温泉、蓝洋温泉等，适于发展融观光、疗养、科研等为一体的旅游产业。

图2－13　海口火山口地质公园

1.3　区域经济

2019年海南省地区生产总值5308.94亿元，按可比价格计算，比上年增长5.8%。其中，第一产业增加值1080.36亿元，占比20.35%；第二产业增加值1099.04亿元，占比20.70%；第三产业增加值3129.54亿元，占比58.95%。

2019年海南农业生产略有放缓，受生猪瘟疫情影响明显。全省农林牧渔业增加值同比增长2.7%，增速较上年放缓1.4个百分点。总肉量67.07万吨，下降16.0%，其中猪肉29.47万吨，下降35.4%。规模以上工业增加值537.78亿元，比上年增长4.2%，增速为2016年以来次新高。高技术制造业增加值同比增长10.1%，占规模以上工业比重为15.6%，占比提高1.1个百分点。全省服务业发展迅猛，增速高于整体经济1.7个百分点，对经济增长的贡献率为75.6%，是拉动经济增长的重要力量。国家统计局海南调查总队数据显示，海南省服务业商务活动指数为57.6%，仍处于扩张区间。全年海南省房地产开发投资下降22.1%，非房地产开发投资增长2.9%，全省房屋销售面积829.34万平方米，比上年下降42.1%，房屋销售额1275.76亿元，下降38.8%。社会消费品零售总额1808.31亿元，比上年增长5.3%。消费升级类商品及服务继续保持较快增长，限额以上单位免税品零售额为132.76亿元，增长22.7%。全年货物进出口总值905.87亿元，比上年增长6.8%。新设立外商直接投资企业338家，同比增加171家，外商直接投资15.11亿美元，同比增长106.1%。全年接待入境游客143.59万人次，比上年增长13.6%；实现国际旅游收入9.72亿美元，增长26.2%，分别快于上年0.7和13.1个百分点。

全年全省常住居民人均可支配收入26679元，比上年增长8.5%，其中城镇常住居民人均可支配收入36017元，增长8.0%；农村常住居民人均可支配收入15113元，增长8.0%。全省城镇居民人均消费支出25317元，比上年增长10.2%；农村居民人均消费支出12418元，比上年增长13.3%。城镇居民家庭恩格尔系数为34.3%，比上年回落1.3个百分点；农村居民家庭恩格尔系数为41.7%，比上年回落0.1个百分点。

1.4　文化特色

海南历史悠久，古称珠崖、琼州、琼崖。自明洪武三年（1370 年），琼州府隶属广东，直到清末。民国时期海南仍为广东省派出机关管辖。1949 年 4 月成立海南特别区长官公署，为副省级政府。1950 年 5 月 1 日全岛解放后，设海南行政公署，仍隶属广东省。1988 年 4 月成立海南省人民政府，同时建立海南经济特区。漫长的海南历史展示出具有海南特色的古代贬官文化、海南革命文化。现海南省拥有众多文物古迹及人文景观，有著名的唐代以后帝王流放“逆臣”的南荒之地——崖州古城以及纪念名人的五公祠、海瑞墓、海瑞故居、宋庆龄祖居，还有与天津大沽口、上海吴淞口、广州虎门炮台并称中国清末四大炮台的秀英炮台等历史古迹，以及中共琼崖第一次代表大会旧址和金牛岭烈士陵园、李硕勋烈士纪念亭等革命名胜。

图 2－14　中共琼崖第一次代表大会旧址

海南省的居民包括黎、苗、回、汉等多个民族。千百年来，古朴独特的民族风情哺育了独具特色的海南文化，尤其是灿烂的黎族文化。黎族是海南的土著民族。他们世代聚居在海南岛中部五指山区及西南部；黎族的语言属于汉藏语系壮侗语族的黎语支，文化特征与我国南方的壮族和布依族有着密切的渊源。黎族分为杞、孝、润、赛和美孚五个支族。黎族村落多位于山谷坡地或山间盆地之中，村寨周围长有茂密的树木或刺竹。黎族传统住宅以茅舍为屋，称为“船形茅草屋”，传说黎族的祖先是乘船渡海而来的，所以住船形屋作为传统被保留了下来。

黎族是一个能歌善舞的民族，每逢喜庆佳节，黎族男女要通宵达旦相互对歌或载歌载舞。每年农历三月三日是黎族的传统节日，黎族人民都要举行隆重的庆祝活动。黎族人很早就掌握了纺织技术。元代女纺织家黄道婆就是从黎族人那里学到了先进的棉纺技术。黎族人织的黎锦一般以黑、棕为基本色调，青、红、白、蓝、黄等色相间，花纹图案有人物、动物、植物、山水和吉祥物等。黎族的传统服饰为男子缠红色或黑色头巾，上衣开襟，布巾缚腰；各支系妇女的服饰有所不同，但筒裙是她们共同的服饰。

图2－15　海南部分黎锦小物件

2019年，全省共有各类艺术表演团体80个，比上年年末增加2个；文化艺术馆23家，公共图书馆24家，博物馆18家，数量均与上年持平。全省广播电视台20座，广播综合人口覆盖率和电视综合人口覆盖率分别达99.06%和99.08%，均与上年持平。有线电视用户155.77万户，比上年减少7.92万户。艺术创作成果明显。琼剧《冼夫人》晋级第29届中国戏剧节梅花奖终评；舞剧《东坡海南》获第十二届中国艺术节“文华大奖”提名奖；琼剧《祖宗海》入选参加2019年全国基层院团戏曲会演；琼剧《圆梦》入选参加文化和旅游部主办的2019年第二届全国地方戏曲南方会演，并被改编为现代琼剧电影《圆梦》，是我省首部扶贫题材琼剧电影。

图2－16　琼剧《圆梦》在广东粤剧艺术中心上演

第二节　海南省生态文明建设的时代背景及意义

生态文明是人类为保护和建设生态环境而取得的物质成果、精神成果和制度成果的总和，是贯穿于经济建设、政治建设、社会建设全过程和各方面的系统工程，反映了一个社会的文明进步状态。

在国家生态文明建设的大背景下，海南省生态文明建设顺应了时代发展的潮流，也是社会文明发展的必然要求，这一历史抉择具有重要的科学意义。

第一，海南省生态文明建设，是国际自由贸易港建设的重要内容。2020 年，中共中央、国务院印发的《海南自由贸易港建设总体方案》强调，深入推进国家生态文明试验区（海南）建设，全面建立资源高效利用制度，健全自然资源产权制度和有偿使用制度，探索建立政府主导、企业和社会参与、市场化运作、可持续的生态保护补偿机制，并健全生态环境监测和评价制度。建设国际自由贸易港，对海南而言，既是机遇也是挑战。坚持不懈地做好生态文明建设，是建设海南自由贸易港的战略任务，也是造福子孙后代的历史责任。

第二，海南省生态文明建设，是科学发展、绿色崛起的本质要求。得天独厚的生态环境是海南发展的最强优势和最大本钱，也是实现绿色崛起最基本的依托。因此，必须始终坚持生态立省不动摇，充分利用海南特殊的区位优势、丰富的自然资源、多样的生态文化资源、国家赋予的省级经济特区和国际自由贸易港的开放政策，将这一系列优势与政策形成利益最大化的综合效应，合理转化为科学发展的现实生产力。在海南发展的进程中，以尊重和维护生态环境为出发点，强调人与自然、人与人以及经济与社会的协调发展、可持续发展，以生产发展、生活富裕、生态良好为基本原则，以人的全面发展为最终目标，这是建设生态省的基本内涵，也是海南科学发展的本质要求。

第三，海南省生态文明建设，是促进海南社会和谐发展的基础和保障。和谐社会追求的是自然、经济、社会和文化的协调。人与自然和谐相处是和谐社会的重要组成部分，改善生态与环境是构建社会主义和谐社会的重要内容和特征。因此，必须把生态文明放在突出位置，将生态文明和生态文化融入人们的生活中，提倡绿色消费、文明消费，弘扬人与自然和谐相处的核心价值观，在全社会牢固树立与保护生态相适应的政绩观、消费观，形成尊重自然、热爱自然、善待自然的和谐氛围。生态社会化是社会发展的必然趋势，良好的生态环境是社会可持续发展的重要保证。唯有加强生态文明建设，才能促进人与自然、人与人之间的和谐相处。人们才能增强对党和政府的信任与支持，才能促进公民之间的团结和增强中华民族的凝聚力，推动社会主义和谐社会的建成。

生态是海南的本色，绿色是海南的底色。海南省不断推进绿色实践，是为了谋求长远。从“多规合一”到国土空间保护治理能力明显提升，从绿色产品政府采购制度到自然资源资产离任审计，从推进清洁能源岛建设到资源高效利用制度逐步建立健全，从推广装配式建筑应用到推进城市垃圾分类等一系列不断完善的制度与举措，将海南生态保护纳入制度化、规范化、科学化的轨道。推进生态文明体制改革是项“长跑”运动，只有持续发力，才能不断迈出新步。站在新起点上，全省上下正奋力书写“绿水青山就是金山银山”的海南篇章，努力为全国生态文明建设做出表率。

第三节　海南省生态文明建设的发展历程

海南自1988年建省办经济特区以来，注重生态保护与经济发展相协调，其生态文明建设历经了以下几个重要的阶段，不断探索符合自身发展的道路，为海南生态文明建设赋予新的时代意义。

1. 建设“生态省”

“生态省”即生态环境与社会经济实现协调发展、各个领域达到了当代可持续发展目标要求的省份。1999年2月，海南省人大二届二次会议通过了《关于建设海南生态省的决定》；同年3月，国家环境保护总局批准海南为全国生态示范省；全国生态示范省获批4个月后，7月30日，省人大二届常委会第八次会议批准了《海南生态省建设规划纲要》。海南省委、省政府确立了“两大一高”（即大企业进入、大项目带动、高科技支撑）工业发展战略，并提出始终坚持不破坏资源、不污染环境和不搞低水平重复建设的原则，率先走上生态立省的发展道路，坚持保护与发展并举、经济与环境协调运行。

2. 创建“全国生态文明建设示范区”

经过十年的探索与实践，海南生态省建设已小有成就。2009年年底，海南国际旅游岛建设上升为国家战略。《国务院关于推进海南国际旅游岛建设发展的若干意见》将海南定位为“全国生态文明建设示范区”，要求“探索人与自然和谐相处的文明发展之路，使海南成为全国人民的四季花园”。此时，国际旅游岛已成为海南经济发展的主体战略，以此为契机，“生态文明”主导海南国际旅游岛建设，利于海南的科学发展，促进海南实现绿色崛起。

3. 谱写“美丽中国海南篇章”

党的十八大明确把生态文明建设列入中国特色社会主义事业总体布局，并强调要努力建设美丽中国。2013年，习近平总书记在视察海南时提出，海南要以国际旅游岛建设为总抓手，“争创中国特色社会主义实践范例，谱写美丽中国海南篇章”，并就生态文明建设作出了一系列重要讲话，希望海南能够处理好发展和保护的关系，在“增绿”“护蓝”工作上下大功夫，为全国生态文明建设起到良好的领头羊作用，为子孙后代留下可持续发展的“绿色银行”。

4. 建设“美好新海南”

为贯彻落实好习近平总书记2013年视察海南时的重要讲话精神，海南省第七次党代会报告提出要加快建设经济繁荣、社会文明、生态宜居、人民幸福的美好新海南。时任海南省省长的刘赐贵在会上提出，要通过不懈努力，以“三大优势”实现海南“三大目标”和“三大愿景”。“三大优势”，即海南是全国唯一的热带省份，拥有全国最好的生态环境；海南是全国最大的经济特区；海南是全国唯一的国际旅游岛。“三大目标”是指和全国同步建成小康社会、基本建成国际旅游岛、建设美丽海南。“三大愿景”即实现全省人民的幸福家园、中华民族的四季花园、中外游客的度假天堂。这三大优势、三大目标、三大愿景，是未来几年海南为之奋斗、为之努力的总方向、总目标。全省上下必须真抓实干、积极担当，把“三大优势”转变为发展成果，推进“三大愿景”由美好蓝图向美好现实转化。

5. 建设“国家生态文明试验区”

2018 年，习近平总书记在海南建省办经济特区 30 周年发表的“4・13”重要讲话中，充分肯定了海南生态文明建设所取得的成绩，并对海南的未来发展寄予了厚望。他指出：“海南要牢固树立和全面践行绿水青山就是金山银山的理念，在生态文明体制改革上先行一步，为全国生态文明建设做出表率。中央支持海南建设国家生态文明试验区，为全国生态文明建设探索经验。”这为海南生态文明建设提供了根本遵循，要以建设国家生态文明试验区为具体抓手，进一步发挥海南生态优势，加快生态文明体制改革，更好地处理经济社会发展与生态环境保护之间的关系，推动形成人与自然和谐共生的现代化建设新格局。

6. 海南自由贸易港之创新生态文明建设

2020 年，中共中央、国务院印发《海南自由贸易港建设总体方案》（以下简称《方案》），《方案》第二部分“制度设计”第三十条提出创新生态文明体制机制。海南自由贸易港建设思路反映了自由贸易港的未来发展趋势，同时体现了中国特色，符合海南定位。其创新生态文明体制机制的提出将海南省生态文明建设推上了新的高度，将生态文明理念贯穿海南发展的始终。海南应以国家大力推进“山水林田湖草生态保护修复”为契机，在生态文明建设进程中牢固树立“山水林田湖草生命共同体”理念，探索富有地域特色的高质量发展新路子。

（1）海南省的简称是什么？省会是哪个城市？

（2）海南省具有哪些气候特点？

（3）海南省的自然资源主要包括哪些？

（4）简述海南省生态文明建设的科学意义。

（5）简述海南省生态文明建设的发展历程。

第三章　山水林田湖草生命共同体

要点导航：

(1) 掌握山体、河流、森林、农田、湖泊、草地、海洋等生态系统的概念、结构和主要的服务功能。

(2) 熟悉山体、河流、森林、农田、湖泊、草地、海洋等生态系统的受损原因及其主要修复方法。

(3) 了解海南省山体、河流、森林、农田、湖泊、草地、海洋等生态系统的概况及其修复、恢复案例。

生态文明建设功在当代，利在千秋，关系到中华民族的永续发展。党的十八大以来，习近平总书记多次提出并强调“山水林田湖草是生命共同体”。人与山、水、林、田、湖、草等自然生态类型是一个相互联系、相互依存、不可分割的有机体。人的命脉在田，田的命脉在水，水的命脉在山，山的命脉在土，土的命脉在林和草，这个生命共同体是人类生存发展的物质基础。它们之间只有保持着畅通的物质传递与能量传递，才能让人类得以可持续地生存与发展。因此，对山水林田湖草进行统一保护、统一修复是十分必要的。

第一节　山体生态系统

山体及山体资源不仅为区域发展提供了国土空间和资源，还是城市生物多样性、文化多样化、社会传统和精神风尚传承的重要载体，更在涵养水源、维护生物多样性、减少水土流失、降低地质灾害和自然灾害以及改善局部气候等方面发挥重要的生态服务作用。山体生态系统的退化在近几十年以来以空前的速度和尺度发展。耕地、经济林和建设用地占用森林资源；开山采矿破坏山体地质结构和生态环境，导致森林破碎化、生物栖息地破坏、水土流失、地质灾害频发等一系列生态环境问题。受损山体的生态修复已经成为城市建设发展过程中必须解决的问题之一。

1.1　山体生态系统概述

1.1.1　山体生态系统的概念和特点

从古至今，人类就与山地有着密切的联系，《说文解字》中对“山”的定义为“山，宣也。宣气散，生万物，有石而高”。可理解为：山体是地球表面因土石隆起而不同于周边地貌特点的部分，影响地域气候环境，孕育万物。《地理学辞典》中对“山”的定义如下：“山，一般指高度较大，坡度较陡的高地。它以明显的山顶和山坡区别于高原，又以较大的高度区别于丘陵。习惯上一般把山和丘陵通称为山。”

我国地形特征丰富多样，山地面积占陆地面积2/3以上。山体大体量的土壤和大面积的植被是城市的能源制造者与还原者。山体生态系统是生态系统体系中的一个特定类型，就是从环境的角度或通过突出环境中的山体属性命名的生态系统。山体生态系统的特点主要体现在以下几个方面。

1. 平面空间的分布特点

平面空间分布的突出特点是山体生态系统的岛屿效应明显。在一个相对大范围的“均质区域”内出现斑块状异质区域的现象可称为“岛屿效应”。从理论上说，典型山区即多山（头）连绵分布区，具有使生物种群和群落结构产生岛屿效应的环境条件。首先，起伏的地面将二维空间切割成若干异质环境单元或称异质体，也就是若干个三维空间体。一些特别凸出的三维空间体如一个个高耸的山头犹如一个个被空气的海洋包围的岛屿；谷地和谷盆犹如被山“墙”包围的凹陷岛。其次，起伏的山体也意味着作为土壤母岩母质的地层岩石属性差异，及相关的土壤物理化学属性和其中的物质—能量运动过程和物质迁移累积状态、数量的差异。其形成的异质单元形状各异，范围有大有小。

2. 立体空间分布特点

从宏观上说，山体生态系统（具体体现在景观、结构、功能上）的空间分布特点主要表现为随着海拔高度变化的垂直分带性和相邻带间的相嵌—重叠（过渡）性。首先是从生境影响生物、生物反作用于生境的意义上说，山脊、斜坡、谷地等生态条件明显差异的生境，表现出生态系统随高度变化。其次是由生物—地理意义上的垂直地带性所决定的属性。由于山体环境（其核心土壤）和山体生物（典型标志为植被）两者都具有垂直地带性属性，因此，必然“遗传”给由两者相互作用、相互影响、有机结合的山体生态系统。但是，一方面，由于构成生态系统组分的环境和生物各自都是由多种生态因子构成的，各个生态因子随高度的变化并不是成比例的；另一方面，生物组分中不同种生物对相同生态因子的要求也有差异，这又决定了不同种生物的分布高度有差异，即出现生物的跨带分布现象。简言之，一个宏观带内的各种生物的生态位呈相嵌—重叠状。

3. 山体生态系统的功能—结构特点

平面和立体空间分布特点虽是针对视觉景观的，实际山体生态系统的特点更体现在生态因子组合和生态关系的变化上。因此，山体生态系统的功能—结构也会相应地具有或体现出上述特点，即垂直地带性、镶嵌性、岛屿性、廊道性，如沿山脊或沟谷出现线性生态景观。

1.1.2　山体生态系统的功能

从山体和人的关系来看，山体生态系统从空间、环境、资源、景观、人文等各个方面为人类提供服务，成为人类生活中不可或缺的一部分。

1. 空间功能

中国传统城市空间主要以自然空间为构架，由人工空间与自然山体、水域相配合构成完整的城市空间构架。在中国，城市空间由风水术所强调的“龙、砂、水、穴”四大要素构成。龙即山脉，因中国古代城市选址“非于大山之下，必于广川之上”，故城市倚傍之山脉便成为城市空间意象的第一构成要素。山、水等自然要素作为城市空间的基本要素，与城市形体空间构成图底关系，通过两者相互配合，形成城市空间的主配角。

2. 环境功能

自然山体是自然生态系统的重要组成部分，具有强大的生态服务功能，在气候调节、大气与水环境的净化、废弃物的处理与降解、水文循环、减轻与预防城市灾害等方面起着重要的作用。其为生态系统和生态形成过程提供赖以生存的自然环境条件，有效地维持了城市环境和创造了良好的人居环境。

3. 资源功能

自然资源的开发利用对推动人类文明、促进生产力发展起到至关重要的作用。山体中蕴藏着丰富的自然资源，如森林、矿产、水、生物、土壤等，可以为人类的生产生活提供丰富的原材料。

4. 景观功能

山体是城市重要的景观因素。山体造型可以使城市具有可识别性的空间景观特征，特征明显的山峦造型可以成为人们指认方向的标志；山体的自然植被为以人工景观为主的城市楔入大面积的绿色生态景观；山体的鸟瞰据点是俯瞰城市整体景观的制高点。所以，山体景观的价值表现为“景观”和“观景”的双重意义。

5. 人文功能

自然山体比城市更为悠久，它记录着城市的成长，也是大多数文人雅士热衷赞美并隐居的地方。在名山之中留下的美丽传说、奇闻逸事、历史古迹与诗词歌赋成为城市重要的历史人文资源。

1.1.3　山体生态系统受损的原因

山体作为城市景观格局的组成者和塑造者，是城市景观一笔宝贵的不可再生资源。然而在城市发展过程中，由于人类盲目追求经济利益，破坏了山体原有的形态及生态循环系统。

1. 城市建设不断侵蚀山体

城市经济发展加剧了人与土地之间的矛盾。为了满足追求经济效益的需求，城市在发展过程中采用各种工程技术手段，侵占周边山体资源，严重破坏了山体原有的形态（图3－1）。被侵占的山体大都呈“带状”“片状”分布，用途多为城市商业性建筑，这些商业性建筑在建设过程中往往忽视了建筑规模与尺度，破坏了山体外轮廓线及原有的地形地貌，这不仅使山体本身的面貌无处可寻、山体景观格局被破坏，更不利于城市景观特色、城市空间结构的整体塑造。

图3－1　建在山上的建筑

2. 山体生态环境遭到破坏

城市发展给山体生态带来的破坏主要指两方面：一方面，被破坏的山体由于自身生态系统受损，使山体整体生态环境受到严重的破坏及干扰（图3－2）；另一方面，商业性的建筑出现在山体内部，不仅影响了山体原有的形态，还降低了山体植被覆盖率。这些商业空间日常所产生的垃圾没有经过处理就直接被排放到山体内部，污染了山体环境，影响了山体生态循环系统。

图3－2　裸露山体

3. 山体文化景观资源流失

当前山体文化景观资源的破坏主要体现在两方面：一方面是对山体原有文化景观资源的破坏。这主要表现在：为了追求眼前利益，对山上的名胜古迹缺乏保护意识，每天无限制的人流出入，使很多名胜古迹、古建筑遭到不同程度的破坏，长期发展下去会导致很多有价值的文化景点消失。另一方面是对山体自身潜在的文化资源不能进行充分挖掘，导致很多有价值的文化资源随着城市的不断发展而逐渐湮灭。

4. 山林老化现象严重

山体由于土壤贫瘠、土质层薄，再加上管理维护不当等，会出现山林树龄老化严重、植物品种单一、山林火灾频发、生态系统变弱等现象，不利于山林经济价值的最大化发挥。如果这种情况得不到及时处理，将会出现不可预料的后果。针对上述问题，在保护和尊重山体原有生态系统不被破坏的前提下，采用生态恢复的手法对退化的山体生态系统进行恢复性设计，是当前恢复被破坏山体景观资源的一种切实可行的措施。

1.2　山体生态系统的修复技术

山体生态修复是针对山体生态环境退化问题，通过规划管控和生态工程修复，消减山体的安全隐患和地质灾害、水土流失、植被破坏等生态问题，改善山区的生态环境，恢复山体生态系统服务功能的系统工程。山体生态修复涉及生态、景观、工程等多学科。在国际上，生态修复理论主要有三个：以恢复生物栖息地环境为目的的恢复生态学理论、以重新构建生态系统为目的的景观生态学理论以及以营造景观挖掘社会价值为目的的景观设计学理论。三者相辅相成，成为山体生态修复的重要依据。

生态系统总体上倾向于自我修复能力强和反向的群落演替，在其受损的情况下，可通过自身修复功能，基本恢复群落原本的生态群落结构。据相关的统计报道，由于山体破损后植物生长条件较差，特别是土壤条件，导致生态系统的自我修复需要很长的时间，甚至是数百年的时间。因此，适当的人工干预修复可能会缩减整个修复过程所需的时间成本，加快生态修复的过程，短时间内达到修复效果，下面具体介绍常用的山体生态修复技术。

1. 人工植被

人工植被是通过在山体的特定区域进行撒种、铺草皮或人工植树的传统植物保护技术措施来保护受损的山体。该技术成本低，施工简易，适用于坡度较缓的、适宜草生长的中低矮土质边坡，如高速公路两侧区域。该方法的缺点是成活率低，易造成表土流失等灾害，人力成本和后期维护成本高。

2. 植生盆（槽）技术

植生盆（槽）技术也叫营养盆地（槽）技术，直接利用石壁微凹地形或在裂隙发育的石壁上打锚杆，用高强度砂浆砌石或砼（轻质树脂）浇筑成盆（槽）状的植生工程，回填种植土，植爬藤、灌木或乔木的坡面绿化技术。根据植生工程的形状和建造工艺的不同可分为植生盆和植生槽。植生盆（槽）技术是岩石边坡受损后最常用的方法，尤其是一些微裂缝或凹形坡的墙壁，但其对经济和建设专业技术的要求很高。

3. 挂三维网客土喷播技术

挂三维网客土喷播技术是将种植土、缓释肥料、保水剂、黏合剂、草木纤维和植物种子等拌匀后利用喷播机喷射到已进行初次覆土或基质的三维网上，通过植物对边坡进行绿化、加固的一门新技术。该方法初期能起到防止冲刷、保持土壤的作用，是集坡面加固与植物生长于一体的复合型植被修复措施。经过三维网客土喷播可在坡面形成茂密的植被覆盖，在表土层形成复杂的根系，以此提高边坡的抗冲刷能力和稳定性。可根据地质和气候条件选择配方，其适应性强、绿化效果好、所需人工少、成本低，但边坡坡度不能过大。该技术不适宜在长期受雨水冲刷的地区使用，适用于普通条件下无法绿化或绿化效果差的边坡，尤其适用于岩质边坡及贫瘠土质边坡。

4. 植生带绿化技术

植生带绿化技术是将含有种子、肥料的无纺布全面附贴在专用 PVC 网袋内，袋中装入种植土，根据山体形状对垒起来以实现绿化的目的。该方法施工简易，可与坡体形状贴合，不易流失基质，但生长期长，需与喷播草种技术结合才能提高绿化速度，费用较高。其还可用作排水沟，适合应急工程如山崩、滑坡等，用于接近垂直或垂直的硬质地块或岩面。

5. 框格客土绿化技术

框格客土绿化技术是先在边坡上用预制框格或混凝土砌筑框格，再在框格内置土来种植绿色植物。框格客土绿化技术具有较好的机械结构，因为这种盒子块山坡可以有效地减缓雨水冲刷的速度和分散其力量，并且可以大规模生产，布置灵活，可随坡就势；缺点是施工过程烦琐、造价较高，仅适合在浅层稳定性差且难以绿化的高陡岩坡和贫瘠土坡中采

用。视情况可与挂网、植草、喷射混凝土等相关护坡技术结合使用。

6. 厚层基材分层喷射技术

厚层基材分层喷射技术是指使用机械将植被种子以及一定厚度的基材混合物喷到破损山体的表面并达到设计厚度。该方法将基材分为3层材料进行喷射，每一层的基础材料和结构均不同，使得整体基材较厚。紧贴破损破面为最底层，喷射种植土，厚度为10 cm左右；中间层为混凝土层，填充纤维、沙装、肥料、保水剂等在孔隙中，厚度为7 cm左右；最外层为用植物种子及木质纤维等，形成植被厚5 cm左右的发芽空间。

7. 挂笼砖技术

挂笼砖技术是指采用工厂生产配制的栽培基质加黏合剂压制成砖状土坯，在砖坯上播种草类等植物种子，经养护后，砖坯内长满絮状草根的绿化草砖，将草砖装入过塑网笼砖内，形成绿化笼砖，将笼砖固定在岩质坡面上，达到即时绿化的效果。笼砖内植物可常年生长，同时其他植物可侵入，能达到自然演替恢复生态环境的目的。该技术可解决坡度在75°以上的石壁边坡绿化难题。

除了以上修复技术外，还有土壤生物工程技术、柔性边坡技术、阶梯爆破技术、爆破燕窝复绿技术、筑台拉网复绿技术等。这些修复技术并不是严格区分使用，实际操作中根据山体不同破损面的立地条件，交叉使用几种修复技术。

1.3 海南省山体生态系统修复实例

1.3.1 海南省山体概况

海南岛地势为中部高四周低，中部偏南到四周沿海由山地、丘陵、台地、平原逐级递降，组成环形层状地貌。山地与丘陵是海南岛地貌的核心，占全岛面积的38.7%。山地主要分布在岛的中部偏南地区，构成丘陵性的中低山地形。山地以五指山、鹦哥岭为隆起核心，多呈东北—西南走向和东西走向，地势高耸。海拔1000 m以上的山峰达81座，其中五指山为海南最高峰，海拔1867 m，其次为鹦哥岭（1811 m）、霸王岭（1560 m）、吊罗山（1519 m）、尖峰岭（1412 m）、黎母山（1411 m）（如图3-3所示）。山体受北东向的

图3-3 黎母山

断裂作用形成红毛—番阳断裂谷地，谷地之西北为黎母岭—鹦哥岭—猕猴岭山地；谷地之东南为五指山—青春岭—马咀岭诸山。海南岛西部是雅加达岭、霸王岭和仙婆岭。这些山地成为海南岛三大河流的发源地和分水岭。在山地的四周，多为海拔 500 m 以下的丘陵，主要分布在岛的西部、东南部和北部内陆。

由于海南省国际旅游岛建设步伐的加快，采石取土、破山修路、矿产资源的开发等原因造成海南多处山体的被破坏。山体植被难以恢复，影响景观，造成了一定程度的水土流失，生态环境不断恶化。其中，矿山企业及不法分子非法盗采等不合理的开采方式是山体被破坏的最主要原因。海口市矿产资源相比于海南其他市县较为丰富，开采历史悠久，截至 2019 年年底，海口市矿产资源主要有褐煤、耐火黏土、高岭土、油页岩、沸石、膨润土、铝土矿、钴土矿、褐铁矿、砖瓦黏土、硅藻土、建筑用玄武岩、砖瓦用页岩、矿泉水、热矿水等 15 种。在以往开采的矿产资源中，褐煤、建筑用玄武岩、砖瓦黏土、砖瓦用页岩及高岭土等非金属矿产的开采方式均为露天开采。海口市废弃露天矿坑开采的矿产品多为建筑用玄武岩（128 个）、褐煤和砖瓦用黏土（长昌煤矿区）。根据《关于海口等 9 个市县矿山地质环境调查摸排情况的报告》（琼地〔2020〕23 号），海口市内露天矿山共计 150 个（坑数量），海口市采矿权有效期内矿山 14 处（在建矿山 4 处，生产矿山 8 处，停产矿山 2 处），闭坑矿山 64 个，民采和盗采矿点 72 个。

三亚市是较为开放的国际旅游窗口，由于城市化和现代化步伐的加快，生态破坏问题较为严重。2015 年 6 月，三亚市作为住建部批准的第一个“生态修复城市修补”试点城市，山体修复是三亚城市双修的核心重点问题之一。三亚市境内共分布有废弃建筑用黏土矿和花岗岩石料矿山 51 个，其中废弃建筑用黏土矿 7 个，废弃花岗岩石料矿 44 个。取土、采石等采矿活动形成的受损山体造成了一系列景观生态问题。废弃矿山主要分布于三亚市重要交通线两侧，这些受损山体的创面植被被破坏，采石壁风化岩石及降雨侵蚀严重威胁到周边安全。另外，采石迹地山体破碎、植被景观荒芜，对城市景观形象产生严重影响。开山采矿破坏过程中的矿石粉碎、筛选和选矿等工序产生大量粉尘和二氧化硫等有害物质，造成严重的区域粉尘和空气污染，威胁当地居民的生活和生产安全。山体破坏还造成环境工程地质变化，一定条件下可能导致严重的次生地质灾害，发生泥石流、滑坡、崩塌等。

1.3.2 海南省山体生态系统修复案例

1. 抱坡岭山体概况

抱坡岭位于三亚市北侧，三亚城市学院西侧。该片区毗邻 G98 高速公路，紧靠技工学院路，距高铁站仅 1.9 km，是高速、高铁进入三亚的必经之地，也是三亚最重要的城市背景山体，区位条件突出。

抱坡岭在抗战时期就曾作为重要的采石基地。新中国成立后，特别是改革开放后，随着海南省、三亚市社会经济发展和城镇化脚步的不断加快，各项建设工程开展得如火如荼，抱坡岭再次作为建材原料开采基地被华盛水泥厂承包，继续经营。然而，在追求经济指标的功利思想驱使下，人们开始对抱坡岭进行大规模的无序开采，并且，在完成采石作业后又未及时处理，由此引发了抱坡岭的许多问题。

2. 抱坡岭主要的环境问题

第一，安全问题。抱坡岭东侧山体目前为已废弃矿山。山体标高 191.96 m，矿山的开挖历史近 30 年，因多年采矿，岩石裸露，高陡边坡一坡到底，与场地形成 137 m 的高差，总体坡度达到 70°～80°。目前，在场地内已经形成了三处容易发生滑坡、崩塌、泥石流、地面塌陷、地裂缝、地面沉降的地质灾害隐患点，对城市安全构成了严重的威胁。

第二，生态问题。抱坡岭山体由于其天然植被遭到了严重的破坏，造成大量的裸露创伤山体，遗留了大量的岩质边坡，使原本就脆弱的生态系统和服务功能遭到破坏，容易引发生态问题。①生态失衡问题。由于采石活动剧烈的干扰超出了抱坡岭山体生态系统本身的自我恢复能力，导致其生态系统退化，引发了生态系统生产力降低、土壤养分维持能力和物质循环效率降低等问题。②生物多样性降低问题。抱坡岭采石场的开采活动具有长期性、大规模的特点，导致植物群落破坏，引发土壤板结、水土流失，进而造成植物种类锐减，生物多样性降低等问题。③环境污染问题。抱坡岭采石场带来的环境污染主要包括空气、噪音和水污染三个方面：采石作业会带来以粉尘为主的空气污染；采石过程中的爆破等会产生一定的噪声污染；采石过程中的化学、物理污染物会对周边的河流水体造成破坏。

第三，景观问题。抱坡岭位于三亚市正北侧，在绕城高速公路的入口处。该片区是展现三亚城市形象的门户地区，区位具有相当的敏感性。目前，抱坡岭的景观风貌主要存在两个问题。①景观破碎化的问题。由于开采活动的无序、不合理，造成了片区被开采后的场地满目疮痍，采石坑、堆场、残垣断壁比比皆是，使得原本整体的景观破碎化。②地表景观的破坏问题。抱坡岭之前多被植被覆盖，但开采活动开始后，人们就开始对树木进行砍伐，导致地表土层受损，被挖掘出来的废土石被随意堆放，严重破坏了地表景观。

3. 主要修复措施

第一，消除安全隐患。保障城市安全是山体修复的前提。首先，通过地面平整、高危陡坡防治处理、松动危岩体防治处理、孤立岩体防治处理、岩堆防治处理、采石坑防治处理、泥浆淤泥池防治处理等工程方法，对岩堆、采石坑、松散危岩体、孤立岩体、高危陡坡和临空断面、陡坎等不同的地质现状采取针对性的措施。其次，为了巩固效果，采用挂网喷播、V 形槽和退台绿化三种覆绿技术方法。对于坡度 10～40°的边坡采用在退台台阶上砌筑挡墙做种植槽、回填种植土的方式进行种植绿化；坡度 40～70°的边坡采用挂网喷播技术进行整体绿化；坡度 70°以上的边坡利用 V 形槽加强山体绿化效果。通过一系列工程措施，基本可以解决抱坡岭的地质灾害隐患。

第二，修复生态环境。抱坡岭山体修复采用自然修复的理念，通过植物群落的营造，使生态系统恢复并维持在一个良好的状态。因此，修复工作的核心策略就是制定植物选择标准。首先，针对不同的土壤类型、气候条件，选择适宜生长的植物。造林树种主要选用波罗蜜、文椰三号、花梨、沉香和海南红豆等。坡度 25°以上的坡地选用花梨、沉香、海南红豆等生态型乡土树种；在缓坡地、平地可以选用文椰三号、波罗蜜等景观型乡土经济树种。其次，营造混交林，在有生态效益的前提下，短期内又有一定的经济效益。再次，选用抗旱、抗热、耐践踏的百喜草、柱花草等的草籽进行撒播，有条件的地块也可选用专用组合草籽进行播撒。最后，为了加快人工植被群落向自然群落的转型，最终进展演替至顶极群落，必须对覆植后的养护工程进行合理的设计。设计的内容包括：灌溉系统（浇水、蓄水、排水、施肥）和防护系统（防土层侵蚀、防风、防病虫害、防有害植物等）及其运作方式等。通过一系列的覆植措施，基本可以解决抱坡岭生态失衡、生物多样性降低和环境污染等问题（见图3－4）。

修复前

修复前

修复后

图3－4　抱坡岭山体生态修复前后对比（引自姜欣辰和刘元，2017）

第三，营建城市公园。抱坡岭不仅要解决安全问题、修复生态问题等，更应以人为本，通过营建山地公园，丰富抱坡岭的城市功能，完善周边地块的配套服务功能，打造三亚北部的活力中心，实现多元共赢的综合效益。

通过对抱坡岭空间特质、资源要素和设计主题的分析，丰富抱坡岭片区的发展目标和功能定位。抱坡岭是三亚城乡交融、过渡转接的地区，周边景观优越、绿色生态，包括山（位于场地中部的自然山体、场地北侧的山林、场地东侧的矿山）、水（位于场地西北侧的溪流、场地北侧的坑塘）、田（位于场地西南侧和东北侧的水稻、芒果等热带高效农作物）等自然要素及建筑（位于场地东侧大量的工业遗址和构筑物），文（位于场地西侧的三亚学院和海南热带海洋学院等文教设施）、队（位于场地西南侧的农场场队）等人文要素。但是，场地内主体较多、建设杂乱。结合片区的区位条件、周边情况和三亚市的要求，规划确定抱坡岭公园应发展为新型城镇化背景下具有三亚特色的门户景观片区。

结合抱坡岭公园的发展目标及要素分析，规划提出“轴”“台”“园”“门”等四大设计主题。“抱坡岭公园中轴”可结合优越的自然条件，策划山地公园、市民公园、矿山公园、登山步道、观景平台和游憩园地等活动，力争将其打造成公共活动丰富的市民乐园。“抱坡岭公园北区”可结合矿坑修复区、森林等设置森林公园、矿坑公园和汽车公园等主题公园。森林公园可策划森林溪谷、天然氧吧和林地露营等活动；矿坑公园可策划主题花园、热带园地和地质探险等活动；汽车公园可策划卡丁赛场、汽车营地等活动。力争将其打造成生态环境优越的郊野公园。“抱坡岭公园东区”可结合工业遗址和三亚城市学院等周边文教设施，策划遗址公园、创意公园和文化风情园，力争将其打造成科技与时尚相融合的创意公园。“抱坡岭公园西区”可结合周边设施，策划特色风情小镇、特色居住区、特色商业服务等活动，力争将其打造成文化特色鲜明的主题游园。

抱坡岭山体修复工作以规划为引领，从环境修复和场地营建的角度出发，打造安全、生态、活动丰富、配套完善的城市公园及三亚未来的活力中心，符合当前城市转型发展的要求。

第二节　河流生态系统

生命的繁衍与发展进程中，水都是不可替代的因素。河流是人类文明的起源，是人类社会、文化和经济福祉的基础。人类依赖河流生存，傍水而居。河流常被人们称为地球的动脉，是地球陆地表面因流水作用而形成的典型地貌类型。简单地讲，河流是由一定区域内地表水和地下水补给，经常或间歇地沿着狭长凹地流动的水流。当降水或由地下涌出地表的水汇集在地面低洼处，在重力作用下会经常地或周期性地沿流水形成洼地流动。河流是流水水体的主要类型，是最重要的水生态系统之一，也是人类生存发展之基。河流生态系统具有多种服务功能，除了可以给人们带来丰富的淡水资源外，它还在交通运输、灌溉、排水防洪、发电和水产事业等方面为人类带来了重要财富。

2.1 河流生态系统概述

2.1.1 河流生态系统的概念和特点

狭义上讲，河流生态系统主要是指由水生植物、水生动物、底栖生物、水中微生物等生物与水体、底泥等非生物环境所组成的一类水生生态系统。广义的河流生态系统是指以河流为主体的自然生态系统，涵盖了水体、陆域河岸带、周边湿地与沼泽等一系列子系统。河流生态系统属流水生态系统的一种，是陆地和海洋联系的纽带，是一个复合生态系统，其在生物圈的物质循环中起着主要作用。

河流生态系统主要由生物和非生物环境组成，生物是河流的生命系统，非生物环境是河流生物的生命支撑系统，两者相互作用、相互制约，使得河流生态系统成为具备物质循环、能量流动和信息传递等多种生态功能的动态系统。与湖泊水库相比，河流生态系统有连续的水流，使其中的溶解氧比较充足，层次分化不明显，是一个流动的、开放程度更高的生态系统。河流生态系统的生境与陆地、湖泊水库的生境相比，有其独特的特点，主要体现在以下几个方面。

（1）具有纵向成带现象。湖泊水库的水温变化具有典型的垂直分层现象，而在河流中却是纵向流动的。从上游到河口，水温和某些化学成分发生明显的变化，由此而影响着生物群落的结构。例如，鱼类在河流中的纵向分布，明显的纵向变化与水温、流速以及 pH 值的变化有关。当然，这种纵向替换并不是均匀的、连续的变化，在特殊条件下和特殊种群在整个河流中没有明显变化。

（2）生物大多具有适应河流环境的特殊形态结构。在流水型生态系统中，水流常常是主要限制因子。因此，河流中特别是河流上游急流中生物群落的一些生物种类为适应这种环境条件，在自身的形态结构上有相应的适应特征，有的营附着或固着生活。例如，淡水海绵和一些水生昆虫的幼体的壳和头黏合在一起；有的生物具有吸盘或钩，可使身体紧附在光滑的石头表面；有的体形呈流线型从而使得水流经过时产生最小的摩擦力。从水生昆虫幼体到鱼类均可见到这种现象，还有的生物体呈扁平状，使之能在石下和缝隙中找到栖息场所。

（3）与其他生态系统相互制约。河流生态系统受其他系统的制约较大，它的绝大部分河段受流域内陆地生态系统所制约，流域内陆地生态系统的气候、植被以及人为干扰强度等都对河流生态系统产生较大影响。例如，流域内森林一旦破坏，水土流失加剧，就会造成河流含沙量增加、河床升高。河流生态系统的营养物质也主要是靠陆地生态系统的输入。另外，它将高等和低等植物制造的有机物质、岩石风化物、土壤形成物和陆地生态系统中转化的物质不断带入海洋，成为海洋（特别是沿海和近海生态系统）的重要营养物质来源，它影响着沿海，特别是河口、海湾生态系统的形成和进化。因此，河流生态系统的破坏，对环境的影响远比湖泊、水库等静水生态系统要大。

（4）自净能力强，受干扰后恢复速度较快。由于河流生态系统流动性大，水的更新速度快，因此系统的自净能力较强，一旦污染源被切断，系统的恢复速度比湖泊、水库要迅速。另外，由于河流有纵向成带现象，污染危害的断面差异较大，这也是系统恢复速度快的原因之一。具体情况还与污染物的种类、河流的水文、流态特征有关。

2.1.2　河流生态系统的结构

河流生态系统的结构是指系统内各组成因素（生物组分与非生物环境）在时空连续及空间上的排列组合方式、相互作用形式以及相互联系规则，是生态系统构成要素的组织形式和秩序。河流生态系统同其他水域生态系统一样，具有一定的组成结构、营养结构、时空结构等基本结构。

1. 组成结构

河流生态系统的组成可以概括为四类：生命支持系统（非生物环境）、生产者、消费者和分解者。作为生产者的植物（主要包括水生植物和浮游植物），利用太阳辐射能将二氧化碳转变为有机物质并释放出氧气，从而为较高级营养层供应食物和呼吸时所需的氧气。浮游动物、无脊椎动物、大小鱼类等浮游生物是消费者。微生物为分解者，在水生态系统中实现环境与生物之间物质循环的重要基础。在河流生态系统中，植物除了通过光合作用固定能量外，还是环境的强大改造者，能有力地促进物质循环。生产者是生态系统中活的有机体所利用的一切必要的矿质营养的源泉。植物借助光合作用和呼吸作用，促进了碳、氮、氧等元素的生物地球化学循环。消费者在河流生态系统中，不仅扮演着加工和再生产初级生产物的重要角色，同时还能够调控和影响其他生物种群的结构和数量。分解者在河流生态系统中不断地进行分解作用，把复杂的有机质分解为简单的无机质，最终以无机物的形式回归到环境中。

2. 营养结构

河流生态系统中各成分要素之间最本质的联系是通过营养结构来实现，即食物链和食物网的形式，食物链和食物网是生态系统的物质循环和能量转化的主要途径。河流生态系统与其他生态系统的组成差异，构成了与之不同的食物链和食物网，主要可以分为两类：一类是以草食性鱼类为主体的牧食食物链：水草—草食性鱼类—肉食性鱼类；另一类是以滤食性植物为主体的滤食食物链：藻类（碎屑）—浮游动物—滤食性鱼类—肉食性鱼类。

3. 时空结构

河流生态系统结构随着时间呈现不同的变动。长时间表现为进化，中等时间表现为生物群落演替，短时间是在昼夜或季节上反映生物为适应环境产生的变化。由于水是流动的，河流生态系统与其他生态系统相比，在时间上保持着一个动态变化的稳定过程。河流生态系统由于光照、水深、流速等非生物因素的影响，不论是在水平、纵向还是垂向上都具有较明显的异质性。河流断面由岸边到水中植被的变化极为明显，岸边以乔木或灌木为主，浅水区以湿地植物或挺水植物为主，而中心深水区则由藻类占据主导。从垂向上来看，上层阳光充足，为光合作用层，光合作用层以下是消费者或分解者的居处。生产者、消费者、分解者内部以及相互的作用、联系，彼此交织形成网络式结构。

2.1.3　河流生态系统的服务功能

河流功能是河流系统在与其环境相互作用过程中所表现出来的能力与效用，主要表现为河流系统发挥的有利作用。河流生态系统的服务功能是人类生存和现代文明的重要基础，主要指人类直接或间接从河流生态系统功能中获取的利益。根据河流生态系统的组成特点、结构特征和生态过程，河流生态系统的服务功能具体体现在供水、发电、航运、水产养殖、水生生物栖息、纳污、降解污染物、调节气候、补给地下水、泄洪、防洪、排水、输沙、景观、文化等多个方面。按照功能作用性质的不同，河流生态系统服务功能的类型可归纳划分为淡水供应、水力发电、物质生产、生物多样性的维持、灾害调节、环境净化、休闲娱乐和文化孕育等。

1. 淡水供应功能

水是生命的源泉，是人类生存和发展的宝贵资源。河流是贮存淡水的重要场所，为工农业生产和人类生活提供了水资源。首先，河流淡水是人类生存所需要的饮用淡水的主要来源；其次，所有植物的生长和新陈代谢都离不开淡水；再者，河流淡水是其他动物饮用的必需之物。因此，河流生态系统为人类饮水、农业灌溉用水、工业用水以及城市生态环境用水等提供了保障。

2. 水力发电功能

水能是清洁能源，河流因地形地貌的落差而产生并储蓄了丰富的势能。水力发电是该功能的有效转换形式，众多水力发电站由此而兴建，且为人类提供了大量能源，至2019年年底，全国水电总装机容量约3.56亿千瓦，年发电量逾万亿千瓦时，均居世界第一。

图3－5　长江三峡水利枢纽

3. 物质生产功能

河流生态系统中自养生物（高等植物和藻类等）通过光合作用，将二氧化碳、水和无机盐等合成为有机物质，并把太阳能转化为化学能贮存在有机物质中；而异养生物对初级生产的物质进行取食加工和再生产而形成次级生产。河流生态系统通过初级生产和次级生产生产了丰富的水生植物和水生动物产品，为人类生存需要提供了物质保障，主要包括：初级生产为人们提供了许多生活必需品和原材料以及畜牧业和养殖业的饲料；为人类提供了优质的碳水化合物和蛋白质，一些“名特优新”① 的河鲜水产品堪称绿色食品，成为人们餐桌上的美味佳肴，保障了人们的食品安全，满足了人们不断提高的物质需求。

① “名特优新”的“名”指有名气，品牌、名牌；“特”指当地的特产；“优”指产品质量优、品质佳；“新”指新颖，用新技术、新科技培育出来的产品。

4. 生物多样性的维持功能

河流是很多生物的重要栖息地，为很多物种提供了适合生存的条件，它们依赖河流而生活、繁殖以及形成重要的生物群落。相对于湖泊，河流是流动的、开放程度较大的生态系统。河流的河床为蜿蜒廊道形式，水体是流动的，水深较浅，大气复氧能力强。河流一般包括两种基本类型的栖息地结构：内部栖息地和边缘栖息地。内部栖息地相对来说是更稳定的环境，生态系统可能会在较长的时期内保持着相对稳定的状态。边缘地区是两个不同的生态系统之间相互作用的重要地带，也是维持着大量动物和植物群系变化多样的地区，边缘栖息地处于高度变化的环境梯度之中，会比内部栖息地环境中有着更多样的物种构成和个体数量。河流生态系统中多种多样的生境为各类生物物种提供了繁衍生息的场所，为生物进化及生物多样性的产生与形成提供了条件，同时还为天然优良物种的种质保护及其经济性状的改良提供了基因库。

5. 灾害调节功能

河流生态系统对灾害的调节功能主要体现在防止洪涝、干旱、泥沙淤积、水土流失、环境负荷超载等灾害方面。河流具有纳洪、行洪、排涝等功能，可以保障区域内经济社会发展和人民生命财产安全。在洪涝季节，河流沿岸的洪泛区具有蓄洪能力，可自动调节水文过程，从而减缓水的流速，削减了洪峰，缓解洪水向陆地的袭击。而在干旱季节，河水可供灌溉。洪泛区涵养的地下水在枯水期可对河川径流进行补给。

6. 环境净化功能

水体自净是指水体受到污染后，由于物理、化学、生物等因素的作用，污染物的浓度和毒性逐渐降低，经过一段时间后，水体恢复到受污染以前状态的自然过程。根据净化机理，可分为物理自净过程、化学自净过程和生物化学自净过程。河流生态系统的环境净化功能主要是指河道内及两岸的植被及水生生物通过自然稀释、扩散、转化等一系列物理和生物化学反应来截留和净化由径流带入河道的污染物，达到净化水体的作用。例如，河流生态系统中的植物、藻类、微生物能够吸附水中的悬浮颗粒和有机的或无机的化合物等营养物质，将水域中氮、磷等营养物质有选择地吸收、分解、同化或排出。

7. 休闲娱乐功能

河流生态系统景观独特，具有很好的休闲娱乐功能。河流河岸的森林、草地景观与下游的湖滩、湿地景观相结合，使其景观多样性明显。“高峡出平湖”让人豪情万丈，“小桥流水人家”使人宁静温馨。同时，河谷急流、弯道险滩、沿岸柳摆、浅底鱼翔等景致，赏心悦目，给人们以视觉上的享受及精神上的美感体验。因此，人们凭借河流生态系统的景观休闲的服务功能，在闲暇节日进行休闲活动，如远足、露营、摄影、游泳、滑水、划船、漂流、渔猎、野餐等，这些活动有助于促进人们的身心健康，享受生命的美好，提高生活的质量。

8. 文化孕育功能

欣赏自然美、创造生态美是人类生活的重要内容，和谐的自然形态与充满生机的生态环境可让人们在享受生态美的过程中得到人格的发展和升华。不同的河流生态系统深刻地影响着人们的美学倾向、艺术创造、感性认知和理性智慧。各地独特的生态环境在漫长的文化发展过程中塑造了当地人们特定的多姿多彩的民风民俗和性格特征，由此也直接影响着科学教育的发展，因而也决定了当地的生产方式和生活水平，孕育着不同的道德信仰、地域文化和文明水平。纵观人类文明史，河流生态系统对人类社会的发源、发展起到巨大的支撑作用，世界文明多数发源于大江和大河。例如，黄河文明曾经是我国农业和文明的摇篮，被誉为中华民族的母亲河，在世界文明史上占有重要的地位。可见，河流生态系统的文化孕育功能对人类社会的生存发展具有重要的作用。

2.1.4 人类活动对河流生态系统的影响

人类自诞生以来，便在一直不断地改变着河流生态系统。人类各种活动（水利、农业、城市发展、矿产开发、畜牧、旅游、林业等）对河流生态系统的改变日趋加剧，对河流生态系统从结构到功能都产生了不同程度的影响，不少影响甚至已经超出了河流生态系统本身的调控能力，导致其整体性和连续性等都遭到了不同程度的损害。这不仅影响了生物的多样性，更是在一定程度上影响了生态服务功能，导致河流生态系统出现了不可逆转的退化现象——河流水质污染、鱼类无法生存，水生生态系统遭到破坏，河流的自然景观逐渐消失等。在我国，不少流域都已经出现了流域性洪涝灾害加剧、河流水质严重污染、生物多样性丧失、自然景观消失等严重局面。人类对河流生态系统造成威胁的主要因素有水利工程建设、农业生产、渔业生产、污水排放、过量使用水资源等。

1. 水利工程建设的影响

水利工程建设不仅改变了河流生态系统中原有的水文条件，更是对河流周围的地貌等造成了影响，严重影响了河流生态系统。例如，河流上大坝的建设会对河流进行分割，对河流连续性造成影响，导致河流出现上流水位较高而下流水位较低的情况，阻碍了河流中的物质循环和能量流动，造成生态系统结构和功能发生变化，影响河道内水生生物栖息和迁移（对某些溯流而上的鱼类的迁徙造成阻隔，同样会减缓或阻挡鱼类向下游迁徙）。生物种群的生活习性等一旦遭到破坏，就会导致生物多样性的减少。再者，若是存在对河道形状的改变，将较为蜿蜒的河道更改为直道，就会导致水流速度提高，影响后续一系列与地下水、地表水、河岸之间的关系，对河流生态系统造成威胁，同时对河流的整体景观也造成影响。从景观生态学的角度看，弯曲边界比平直边界更具有生态效益，如可以减少水土流失。

2. 农业生产的影响

首先，土地的开垦是农业生产对河流的主要影响，会使河流周围的原有植被等受到严重破坏。由于耕作对土壤的扰动，农田径流中泥沙含量很高，进而导致河流生态环境中的地貌、水质水文条件以及水力特性等都发生不同程度的变化，同时河流生态系统中生物多样性也会受到影响，这些问题都会在很大程度上降低河流生态系统的服务能力。其次，随着现代农业的发展，大量的化肥、农药应用于农业生产，过量的化肥、农药以溶解态或吸附态的形式淋溶进入河流，会导致河流的面源污染。

3. 渔业生产的影响

人类为了获得更多的鱼类产品来提高经济效益而对河流中的鱼类过度捕捞。过度捕捞不仅会直接影响河流中鱼类的种类和数量，使得一些鱼类或消失或受到严重威胁，甚至会导致生物链遭到破坏，直接影响到河流的生态系统，从而导致渔业资源严重衰退。

4. 污水排放的影响

人类在日常生活和工业生产中会产生大量的污染物。这些污染物未达到相关排放标准或要求而被排放到河流中后，一旦超过了河流的自净能力，就会使河流水质发生变化，引起水体污染，从而导致水生物大量死亡以及水体富营养化（如图3－6）等问题的出现，同时也在很大程度上对淡水供应造成影响。此外，因为二氧化硫、氮氧化物等酸性气体大量进入大气环境，会导致酸雨的产生，也会在一定程度上对河流的生态系统造成威胁。

图3－6　太湖水体富营养化

5. 过量使用水资源的影响

社会、经济的高速发展使人类对水资源的需求量大大增加，但是循环水量是有限的，大量使用水资源会直接影响到水资源的循环水量。当河流中的水量持续低于生态需水量时，就会严重影响到河流生态系统，导致其服务功能大大减弱，河流枯竭、生物多样性降低，最终导致生态系统崩溃。例如，黄河流域大部分属于干旱和半干旱地区，水资源十分贫乏，随着黄河流域及下游引黄灌区工农业生产和城乡生活的耗水量迅速增加，本来就比较贫乏的黄河水资源供求矛盾日益突出。在1972—1996年的25年间，黄河有19年出现过河干断流，平均4年3次断流。直到2000年，小浪底枢纽一期工程竣工并开始发挥调蓄作用，黄河断流现象才终于停止。

2.2　河流生态系统的修复技术

随着经济的快速发展，人类对河流的不合理开发利用导致生态的破坏日益严重。人类活动破坏了河流系统的自然形态和水生生境的复杂度，使得生态水文过程的可持续性遭到破坏，出现了众多河流面临着河道淤积、沿河滩涂消失、水污染加剧、水资源短缺、河岸植被破坏等问题，从而导致很多河流生态系统结构与功能的完整性遭到破坏，使得人类对宜居生态环境的需求与经济发展的矛盾越来越突出。为了缓解日益突出的矛盾，尤其是在推动我国生态文明建设迈上新台阶的新时期，必须加快推进河流生态系统修复工作的步伐。

新时期的河流生态系统修复是建立在对河流生态系统重要性的全新认识的基础上的，“先破坏、后修复”“头疼医头、脚疼医脚”的旧观念有所改变。“绿水青山就是金山银山”的发展理念正在盛行，“山水林田湖草生命共同体”的大局观不断深入人心。一般来说，开展河流生态系统修复应遵循以下原则。

1. 尊重自然

尊重自然是进行河流生态修复必须遵循的基本原则。河流生态修复应该顺应自然的发展规律，只有遵循自然规律的修复和重建才能获得成功，在追求经济效益的同时保障生态效益，也才是真正意义上的修复。要利用河流生态系统的自我调节能力，结合具体的河流状态采取适当的工程和非工程措施，使河流生态系统实现自我修复，向着自然和健康的方向发展。在修复过程中，要在满足防洪的前提下，保留原河道的自然线形，运用自然材料和软式工程，强调植物造景，不主张完全人工化，更要避免截弯取直，防止留有大量生硬的人工雕琢痕迹。

2. 生态学与系统性

所谓生态学原则，主要是遵循生态演替、食物链、食物网、生态位等原理。根据生态系统自身的演替规律和结构与功能相统一的规律，在恢复和重建过程中，分步骤、分阶段，循序渐进。此外，河流生态系统的形成和发展是一个自然循环、自然地理等多种自然力的综合过程。构成河流生态系统的各个组分以及子系统之间是相互联系、相互影响的。在河流生态系统恢复与重建时，还要从生态系统的层次上展开，要根据生物与生物间及生物与环境间的协同和拮抗关系，以及生态位和生物多样性原理来进行修复，使河流生态系统的结构能实现物质循环和能量转化处于最大利用和优化的状态。

在河流生态系统修复中，生物多样性是否得到提升，是评估实际修复质量的重要依据。但是，从我国现阶段的实际研究方向来看，更多地注重于偏向生态工程技术的研究，对水生生物等方面的生态学研究开展得还不够。因此，在后续研究工作开展过程中，应提高生态多样性的科学研究，让生态工程技术、水生生物学、水力学、景观生态学等更好地融合在一起。

3. 区域性

由于不同区域具有不同的生态环境背景，如气候条件、地貌和水文条件等，这种地域的差异性和特殊性正是原有生物群落形成的基础和条件。因此，在恢复与重建退化河流生态系统时，首先需要考虑和遵循的就是地域的生态环境本底和历史背景，要具体问题具体分析，积累经验，探索适合的修复技术。

4. 小风险与大效益

河流生态系统的内部机制非常复杂，从而导致河流生态系统的修复存在很多不确定性，人们往往不可能对生态恢复与重建的后果以及生态最终的演替方向进行准确的估计和把握。因此，对河流生态系统的修复是有风险的。要根据现实河流所处的真实状况，制定风险较小、效益较大的可行性方案，实现经济生态双优化，从而达到人与自然和谐相处。

5. 可行性

河流生态修复的可行性原则包括经济可行和技术措施可行两方面。其中，经济可行是指在生态修复时要有一定的经济基础作保障；技术可行是指在生态修复的实施操作过程中，不仅有专业的技术人员，而且要保证操作的技术具有可行性。

河流生态系统修复是指运用流域生态理论，采用综合方法，使河流恢复因人类活动的干扰而丧失或退化的自然功能，使河流重新回到健康状态。通过修复可使河流的水文条件、水质条件、河流地貌学特征等得以改善，从而达到改善河流生态系统结构与功能的目的，提高其生物群落的多样性。河流生态系统的修复技术主要包括河岸生态护坡、生物强化人工河道、植物修复、生态修复耦合修复、底泥疏浚等。

2.2.1　河岸生态护坡

河岸护坡是河流生态治理的重要手段，对防止水土流失和保护堤防免受冲刷等具有重要意义。主要方法是借助具有抗冲性、抗侵蚀性、耐久性，以及具有亲水性和渗透性的材料，将河岸修复成适合生物生长的仿自然状态的护坡。为了防止水土流失、维护河岸的稳定性，在修复过程中可结合实际情况在护岸上种植适宜的植被。合理分布的植被不仅有助于减轻洪水灾害、避免水土流失、净化水体、截留来自农田的氮和磷以达到保护水质的目的，还可以提供优美的环境、休闲娱乐场所等多种生态服务功能。生态型护岸是河岸防护的新方法，能够较好地满足护岸工程的结构要求和环境要求，其综合效益在旅游区更加显著。生态型护岸是集生态、防洪、自净以及景观等功能于一体的生态措施。

2.2.2　生物强化人工河道

生物强化人工河道是指结合水系疏通工程和结构现状构建的，以生物处理为主体的人工河道。水质净化设施主体设于河道内或河流一侧，形成多级串联式的生物净化系统，从而改善水环境条件。自然河道生态塘则是以太阳能为初始能源，在塘中种植水生植物，进行水产和水禽养殖，形成人工生态系统。通过多条食物链的物质迁移、转化和能量的逐级传递、转化，可净化河水中的有机污染物。

2.2.3　植物修复

植物修复法是指利用高等水生植物与其根际微生物的共同作用来吸收、去除或降解水环境污染物。该修复技术由于费用低、环境影响小、治理效果显著、美化环境等被广泛应用于污染水体修复。其净化作用主要有植物直接吸收、其根茎部释氧以及微生物降解等。不同植物对水环境污染的净化处理率不同，对植物进行合理的配置，不仅能提高水质净化率、增加系统稳定性，还能够美化环境并取得良好的景观。

图3－7为海南海口市美舍河凤翔公园段将建筑废弃地改造为八级梯田湿地，构建成“一级强化设备＋复合垂直流湿地＋河道沉水植物”的人工强化湿地空间。一方面，将周边生活污水收集至湿地上方，分级跌水净化，通过一级强化设备的混凝沉淀，复合垂直流湿地的填料过滤、微生物代谢、植物吸收，以及河道内沉水植物吸收降解等过程，达到就地处理、就地回用的目的。另一方面，人工强化湿地空间的构建形成了潜流、表流等多种湿地形态，可为微生物、两栖生物、鱼类群落提供栖息空间。

图3－7　海口市美舍河凤翔湿地公园

2.2.4　生态修复耦合修复技术

由于河流生态系统的复杂性，依靠单一的河流生态修复技术难以实现整个河流生态系统的修复。随着修复实践的发展，河流修复已经从单纯的结构性修复发展到生态系统整体的结构、功能与动力学过程的综合修复。生态修复耦合技术是综合人工湿地、微生物及水生动物协同净化等原理设计的生态修复系统，可去除河流水体中的营养盐和有机物，从而达到修复河流水环境的目的。其在利用湿地植物的同时，构建新的水生植物系统；在美化景观的同时，合理配置生态系统营养级结构；利用多种微生物净化水体的同时，构建具有完整营养级结构的水生动植物生态系统；并利用动植物、微生物的协同作用改善河流水质。

生态修复措施在实施过程中，对修复过程的控制是非常重要的。在整个修复过程中，要确保修复措施的实施不会破坏现有的河流生态系统，所有的修复措施都要在修复规划的指导下分阶段实施，要符合河流生态系统自然恢复的规律，通过适应性管理，建立循环负反馈调节机制，逐步缩小河流生态现状与健康自然状态的差距，使生态系统达到稳定趋好的状态。

2.2.5　底泥疏浚

底泥疏浚是河流污染治理中普遍采用的措施之一。疏浚污染底泥意味着将污染物从水域系统中清除出去，可以较大程度地削减底泥对上覆水体的污染贡献率，进而解决内源释放而造成的二次污染。底泥清理的修复方式主要应用在城市河流河道的修复中，通过对河道底泥的清挖，减少底泥沉积物中氮、磷及重金属等污染物对河流上覆水体的污染。

2.3　海南省河流生态系统修复实例

2.3.1　海南省河流概况

海南岛水资源较丰富，全岛独流入海的河流有154条，其中集水面积100 km^{2}以上的干、支流93条（独流入海39条），主要河流有南渡江、昌化江和万泉河，流域面积分别为7033 km^2、5150 km^2、3693 km^2，三大河流域面积占全岛面积的47%。集水面积在1000～2000 km^{2}的有陵水河、宁远河，500～1000 km^{2}的有珠碧江、望楼河、北门江、文

澜江、藤桥河、太阳河、春江及文教河。三大河道干流约可调蓄水量 80 亿 m^3，中小河流也可蓄水量 56 亿 m^3，总计可调蓄水量 136 亿 m^3。

海南岛受中部高凸四周低平的地形控制，海南岛河流均从中部山区或丘陵区向四周分流人海，构成放射状的水系。海南岛河流的基本特点：较大的河流都发源于中部山区，较小的河流多发源于山前丘陵或台地上，然后顺着地势奔流入海；河短坡陡，水流湍急，暴涨暴落，水量丰沛，含沙量小，终年不冻结。

1. 南渡江

南渡江，又称南渡河，古称黎母水，是海南岛独流入琼州海峡的河流，是中国海南岛最大的河流。南渡江发源于海南省白沙黎族自治县南开乡南部的南峰山，干流斜贯海南岛中北部，流经白沙、琼中、儋州、澄迈、屯昌、定安、琼山等市县，最后在海口市美兰区的三联社区流入琼州海峡。全长 333. 8 km，比降 0. 72‰，总落差 703 m，流域面积 7033 km^2。主要支流有龙州河、大塘河、腰子河等。南渡江流域上游水力资源较为丰富，建有许多水电设施，为满足下游平原灌溉和调节洪水，也建有多处水库，特别是干流上游松涛水库，是海南省最大的人工湖，也是海南省最大的水利枢纽工程。

图 3 –8　南渡江澄迈段

2. 昌化江

昌化江，是海南岛的第二大河，是海南岛独流入北部湾的河流。昌化江干流发源于五指山北麓的琼中县空示岭。地势是东南高而西北低，自五指山西坡发源后，北流至番响，折向西南，循五指山、鹦哥岭间的深谷而行，于毛阳、番阳附近纳入毛阳河、通什河，至乐东县城先后纳入乐中河、大安河和南巴河，然后折向西北，横凿鹦哥岭余脉而过，形成峡谷，出峡谷汇入南尧（绕）河，过广坝纳入七差河、东方河至叉河纳入石碌河，转向西行于昌江县昌化港西流入南海，在入海口冲出一个广阔的“喇叭口”。昌化江干流全长 232 km，流域面积 5150 km^2，总落差 1270 m。流域内已建有大中小型水库 35 座，其中大广坝和石碌为大型水库，控制集雨面积 3870. 1 km^2，总库容 18. 5 亿 m^3。

图 3－9　昌化江乐东县城段

3. 万泉河

万泉河，古称多河，海南省第三大河，全长 157 km，位于海南省海南岛东部。万泉河有两源：南支乐会水为干流，长 109 km，发源于五指山林背村南岭；北支定安水，源出黎母岭南。两水在琼海市合口嘴会合始称万泉河，合流后的万泉河，经石壁、龙江、嘉积至博鳌入南海，长 46 km，落差 13 m。万泉河沿河两岸典型的热带雨林景观和巧夺天工的地貌，生态环境优美的热带河流，被誉为“中国的亚马逊河”。其河面宽阔，水流缓慢，河床的河沙覆盖厚。两岸为冲积台地平原。出口处横亘着海沙与河沙冲积而成的玉带滩，使河口形成葫芦形的港湾。港湾内较大的沙洲有乐城岛、沙坡岛、东屿岛等。另外，其南侧有九曲江、龙滚河汇入，形成沙美内海漏湖，与河口联成一体。博鳌地区的地貌类型主要为滨海台地与三角洲，其多姿多彩的丘陵山体、滨海沙坝、岛屿、河流、漏湖等构成独特的自然景观。

图 3－10　万泉河南北两源汇合处：合口嘴

2.3.2　实例：美舍河黑臭水体综合修复工程

1. 美舍河流域概况

美舍河流域包含美舍河、河口溪、山内溪、板桥溪共四条水体。其中，河口溪位于琼山区，全长 1.8 km，汇水面积为 53 公顷；山内溪位于美兰区，全长 1.2 km，汇水面积为 80 公顷；板桥溪位于美兰区，全长 0.7 km，汇水面积为 102 公顷（图 3－11）。流域内最长的河流美舍河干流发源于海口市南部秀英区与琼山区交界的羊山地区，全长 23.86 km，流域面积为 50.16 km^2，水域面积为 0.74 km^2，旱天常水位状态下，上游沙坡水库下泄流量为 0.3 m^3/s，可基本保障凤翔闸以南河段的生态基流；河道中游自南渡江司马坡岛补水 3.0 m^3/s，用以保障下游河段的生态补水需求；下游入海口段受潮水涨落影响较大，水体含盐度较高，多年平均潮位为 1.0 m、平均高潮位为 1.3 m。美舍河流经龙华、琼山、美兰三个区，沿线有居民 33 万人，是海口地区的“母亲河”。

但随着海南经济的发展及人类活动的干扰，流域生态问题凸显。美舍河约有 16 km 长的河段出现水环境质量退化、水生态功能退化、水环境健康弱化等问题，最终成为黑臭水体，黑臭河段起点为沙坡水库，终点为长堤路入海口（图 3－12）。其中，A 段（沙坡水库—丁桥村，3.2 km）、B 段（丁村桥—国兴大道，8.7 km）、C 段（国兴大道—长堤路，4.1 km）均被住房和城乡建设部、生态环境部列入城市黑臭水体整治范围。

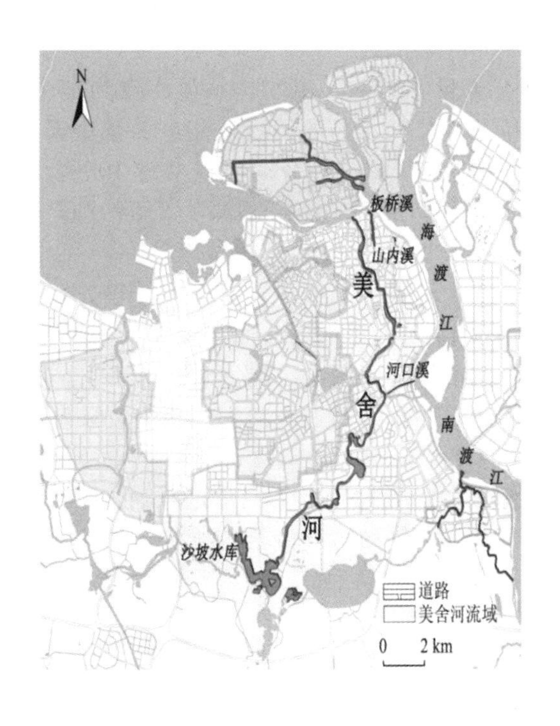

图 3－11　海口市美舍河流域分布

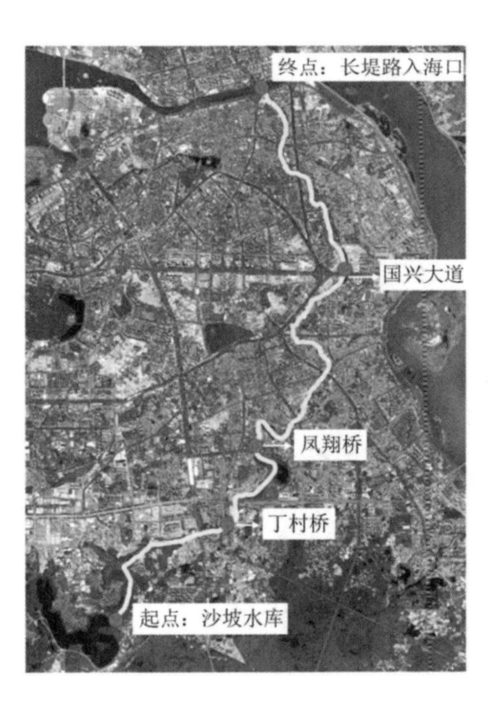

图 3－12　美舍河黑臭段示意图

2. 美舍河主要环境问题分析

近 30 年来，美舍河水体水环境质量退化，水体发黑发臭，严重影响周边居民的正常生活，特别是夏季，蚊蝇成群、臭气熏天的美舍河成为居民投诉、媒体曝光的热点。多年来更是走入“治反复、反复治”的怪圈，污染问题始终得不到彻底解决，更是被国家列为挂牌督办的黑臭水体。

导致美舍河变为黑臭水体的主要原因有：

（1）污水直接排放。

美舍河周边存在大量的点源和面源污染，排污口污水直排现象严重；截至 2017 年 6 月，美舍河沿线（沙坡水库—长堤路）共有 407 个排水口，其中污水直排口 125 个，其他排放口为 282 个。

（2）雨污管网混乱。

美舍河两岸小区居民较多，雨污混流较为严重，缺乏市政管网和污水处理厂。美舍河上游部分污水未纳入市政污水管道，周边村庄的生活污水均排入美舍河沿线的雨水管道，造成旱季污水直排入河。美舍河下游凤翔桥—国兴大道存在部分管道破损、堵塞等问题，导致污水排放不畅，进而造成部分生活污水排入市政雨水管道。

（3）合流制溢流污染。

美舍河沿线在治理前共有 89 个合流制溢流排放口，总汇水面积为 2242. 41 公顷。典型年溢流次数为 34 ～50 次，溢流污水量为 596 万 m^3，溢流污水中的化学需氧量（COD）全年平均值为 150 mg/L，氨氮浓度为 15 mg/L，即 COD 排放量为 893t/a，氨氮为 89t/a。

（4）面源污染严重。

一方面是农业面源，美舍河上游段的周边有少量农田，农田的排水渠终点为美舍河。因此，大量的农田退水及雨水冲刷农田携带大量营养盐和农药的地表径流进入排水渠，最终汇入河道，增加了河道污染负荷。另一方面是城市面源，美舍河沿线共计 199 个雨水口，雨水口汇水面积约为 1121. 21 公顷，COD 排放量为 144. 7 t/a，总磷为 8. 04 t/a。

（5）生态破坏严重。

美舍河上游部分河段两岸的护坡土体裸露，水生植被逐渐变少，甚至有枯萎死亡的现象。美舍河下游两岸为硬质垂直护坡，基本没有水生植被存在，河岸硬化、植被缺失、河床裸露，水土流失现象严重，且丰水期河水携带大量泥沙，影响下游水体的水质。丰水期与枯水期河流水量差别大，枯水期水量小，水体相对静止，河道滨河生态景观效果差。

3. 治理措施

美舍河治理技术路线按照“控源截污、内源治理、生态修复”三步走原则，系统多元化提升美舍河的生态环境质量，而后通过岸坡改造、建立植被缓冲带等措施进一步对水质进行净化。

（1）控源截污。

美舍河的黑臭在水里，根源在岸上，关键在排口，核心在管网，控源截污是黑臭水体治理的重中之重。美舍河黑臭水体控源截污治理工程立足于整个排水系统，按照“源头减排、过程控制、系统治理”的原则，实施了污水处理厂布局及排水分区优化、管网系统修复、源头减排等治理措施。在美舍河控源截污的治理中，对水体中污染物的来源及混流管道的流向、出处等调查发现，管线总长度为 216. 8 km，总住户超过 10 万户，沿岸排水口为 339 个。

针对上述问题，在美舍河开展的控源截污工程主要包括：①新建临时污水处理站。新建石塔村一体化污水处理站、雨水方涵一体化污水处理站、高铁站污水处理站三个临时一体化污水处理设施。②新建污水处理厂。在海口市南部美舍河上游段建设处理规模为3万m^3/d的丁村污水处理厂，在下游段建设处理规模为3万m^3/d的长堤路污水处理厂，以缩减海口市北部白沙门污水处理厂的收水范围。③新建截污管道。布设合流制排放管及截污管道共计6.5 km，截留两岸排口污水以及渗漏出来的黑臭水。④加设限流阀和拍门。对美舍河沿岸合流管、合流沟出水口进行截流，并在污水截流管道加设限流阀，控制截流污水量，截流污水接入河岸已建的污水方沟或已建的污水主管内，并在合流方沟出口加设拍门，防止河水倒灌。⑤封堵排污口。封堵美舍河沿线125个污水直排口，并将排污管接入已有的污水主管内。⑥污水主管清淤。对凤翔桥至国兴大道约11 km污泥淤积的污水主管进行清淤，确保污水主管排水通畅。

（2）内源治理

河道底泥中含有大量的污染物，污染物的释放是河道水质污染的重要因素之一，但同时河道底泥还是保障水体自然属性、恢复河道自净能力的重要载体。因此，内源治理不仅要清淤，更要综合考虑河道的水环境容量、底泥污染程度、资源循环利用等要素，因地制宜地选择机械清淤或原位处置的方式。

美舍河的底泥污染主要通过原位修复和机械清淤两种方式进行修复与治理。通过退堤还河、改硬质的直立断面为草坡入水的复式断面的方式，对美舍河进行原位修复，沿线增加了4万m^2的浅滩湿地，就地消纳了5万m^3的河道底泥。通过机械清淤的方式累计清淤38.4万m^3，平均清淤深度为0.5 m。

在清淤工程中，针对美舍河上游部分河段旱季河道水位较浅、河道内沉积泥沙淤积严重、河床内水草较多的特点，采用挖掘机+人工清淤的方法进行机械清淤。美舍河上游机械清淤后，由于河道底质环境遭到严重扰动，底泥中的污染物容易释放到河道水体中，增加河道水体富营养化程度，因此对美舍河上游实施底质改良工程。针对美舍河下游段河道两岸排口较多，生活污水、垃圾进入河道等导致水体出现黑臭的现象，并结合美舍河下游水位较深，覆盖在底泥上部的污泥密度较小、重量较轻的特点，采用绞吸船泵送淤泥、垃圾砂石分拣、淤泥调理、泥浆浓缩、淤泥脱水等方式进行清淤。

（3）生态修复。

生态修复是在控源截污的基础上，通过营造功能完整、结构均衡的水生态系统，提高河流自净能力；通过构建水岸交融、蓝绿交织的水生态空间，进一步提升水环境质量，最终实现形态、生态的和谐统一。

A. 沉水植被系统构建工程。沉水植被系统是水下森林的生产者，是水体生态系统中的重要组成部分，其根系和整个叶面直接吸收水体和淤泥中的营养物质，所需碳源直接从水体中吸收，自下而上对整个水体产生巨大的净化作用。在美舍河构建沉水植被系统，选择适合热带海洋季风气候的沉水植被，如轮叶黑藻、苦草、狐尾藻、龙须眼子菜、微齿眼子菜等，种植总面积为36万m^2，沉水植被种植密度为36丛/m^2。

B. 水生动物系统构建工程。水生动物系统是指往水体中投加滤食性鱼类及螺贝等，完善水体生态系统中的消费者链条。因为水系中仅有水下森林（生产者）、微生物群落

（分解者）不能达到生态平衡，还需要有一定的鱼、蟹、贝（螺蚌）类等消费者和捕食者。因此，根据水体生态要求与鱼类生态学的特点，选用具有可操纵性的滤食性鱼、蟹、螺、贝类投放到水体中，帮助清扫水草表面的悬浮物，转移水体中的氮、磷营养物。在美舍河上游河道全水域0.43 km^2进行水生动物系统构建，水域主要投放种类有乌鳢、萝卜螺、环棱螺、河蚌、水草以及附着藻清洁工等。

C. 微生物系统构建工程。在水生态中，作为分解者的微生物，能将水中的污染物加以分解、吸收，变成能够为其他生物所利用的物质，创造有利于水生动植物生长的水体环境，还能改良土壤，改善土壤的团粒结构和物理性状，提高水体的环境容量，增强水体的自净能力，同时也能减少水土流失、抑制植物病原菌的生长。微生物功能菌剂通过提取本地有益微生物进行扩培，本地有益微生物具有适应能力强、净化效果好的特点。美舍河横穿市区，周边环境复杂，零散排污较多，突发排污事件难免频繁发生，在全水域适时适量地投加微生物功能菌剂可以迅速地改善水体内的微生物环境，在很大程度上提升了水质净化效果。

D. 水域生态构建辅助工程。为保障美舍河水位，将美舍河原有的2个水闸改建为橡胶坝，用于控制上游滨河生态景观水位，确保水生态系统工程构建所需水位要求，同时又能满足其行洪要求。经改造的两座橡胶坝，坝体高1.0 m，坝宽约22 m。

E. 岸线改造。整体河道断面形式采用复式断面，河床高程保持不变，降低两岸原直立挡墙高程，并外扩挡墙形成浅水区域；在浅水区域设人行栈道，新增左、右岸浅水栈道，新增栈道不占用原河道断面，并增加行洪断面。还原河岸生态功能，修复河岸生境，扩大河道水面面积，降低原有驳岸，增加花田台地，这样既满足了河道的雨洪适应性，又兼顾了美观。同时，种植耐盐碱的乡土水生植物，以及水质指示性植物红树林，形成滨水湿地；增设贴近水面的景观栈道，使游人可以在湿地中穿梭，增强滨水景观体验；在紧邻城市的界面增加自行车道和活动广场，为周围邻里提供自然舒适的休闲健身活动空间。

4. 治理成效

治理之前，美舍河沿线污水直排现象严重、水体发黑发臭。通过控源截污、内源治理、生态修复系列工程，水质得到了显著改善。参照“全国城市黑臭水体监管平台”中对美舍河2016年整治前水质的记录，溶解氧浓度平均值为1.72 mg/L，如今美舍河溶解氧浓度平均值为5.16 mg/L，水质从2016年的劣Ⅴ类整体提升为2020年的Ⅲ～Ⅳ类。

经调查，整治前美舍河里几乎没有水生动植物存活，通过生态修复工程，在美舍河沿岸新增红树（株）约30万株，水生态种植面积426716.4 m^2，目前河里鱼类的种类和数量明显增多，多种鸟类回归筑巢。沿线景观得到了极大的提升（图3－13），新建了亲水栈道、凤翔湿地公园等，前来游览、散步的人络绎不绝。同时，水体周边的房价有显著的提升，如凤翔湿地公园附近的房价由治理前的8000元/m^2增至15000元/m^2。

(a) 长堤路段

(b) 国兴大道段

图 3－13　美舍河治理前后对比

总之，美舍河水体综合整治是一项复杂的系统工程，是对习近平总书记生态文明发展理念的实践。美舍河系统打造因地制宜模式，以流域为单元，以“源头减排、过程控制、系统治理”为原则，以“控源截污、内源治理、生态修复、功能统筹”为主线，科学制定标本兼治、远近结合的美舍河综合治理方案，解决海口市内河水环境问题，统筹提升美舍河河道的水安全、水生态、水景观等复合生态功能。构建水岸融合、蓝绿交织的城市生态廊道，保障生态系统的完整性和延续性，凸显了河口之美和河湾之美；尤其是海绵建设理念，提高了生态系统应对外界干扰的弹性和韧性，让城市水体更加安全、健康，实现人与自然的和谐共生和可持续发展。

第三节　森林生态系统

在陆地上，森林生态系统是最大的生态系统，涵盖了大约 9.5% 的地球表面，被称为地球之肺，是全球生物圈中重要的一环，是人类赖以生存繁衍的基础，也是人类可持续发展的保障。与陆地其他生态系统相比，森林生态系统有着最复杂的组成、最完整的结构，其能量转换和物质循环最旺盛，因而生物生产力最高、生态效应最强。同时，森林也是地球上重要的基因库、碳贮库、蓄水库和能源库，对维系整个地球的生态平衡有着不可替代的作用，是一个与人类生存息息相关的重要地球生态系统。

3.1　森林生态系统概述

3.1.1　森林生态系统的概念和特点

关于森林的概念，林学界没有统一的定义。目前普遍使用的定义是，森林指的是有一定密度和面积，有着大量密集生长的乔木，乔木之间以及与其他生物（植物、动物和微生物）和非生物环境之间密切联系、相互影响，共同形成的统一体。森林群落与其环境在功能流的作用下所形成的具有一定结构、功能和自行调控能力的自然综合体就是森林生态系统，可分为天然林生态系统和人工林生态系统。

地球上不同类型的森林生态系统，都是在特定气候、土壤条件下形成的。依据不同气候特征，可将世界森林类型划分为：北方针叶林、温带森林、亚热带常绿阔叶林、热带雨林、热带季雨林等。森林生态系统与陆地上其他生态系统相比有其特色，主要体现在以下几个方面。

1. 整体性

组成森林环境的各要素都有自己的发展规律，但它们作为森林环境的有机组成部分结合在一起时，就形成了相互依存、相互制约、密不可分的整体。在整体中，一种要素的改变都必将引起其他要素发生相应的变化，甚至导致从一种环境过渡到另一种环境。

2. 多样性

森林环境具有生物多样性、景观多样性、环境多样性、人文多样性和生产利用多样性。人类活动只有掌握这些特性，并加以保护和利用，才能更好地发挥森林的潜力。

3. 时空性

不同时间和空间结合形成不同功能、不同结构和类型的森林环境；不同地理位置和条件会形成不同的森林环境；同一地理位置的不同海拔高度、不同土壤条件也会形成不同的森林环境。在森林环境形成和发展过程中，不同时间的森林环境也会有所差异。

4. 有限性

森林环境是在一定的光、热、水、气条件下形成的。在地球上的分布地区是有限的，如南北两极、高山和雪原、干旱和荒漠地区以及一切不具备森林生长条件的地区都不可能有森林。森林环境的有限性要求我们科学地认识森林环境，掌握它的负荷极限，从而有效地保护和可持续利用森林。

5. 森林环境的可塑性

当森林环境受到有利因素的影响时，其发展及效益性能都会改善，反之则否。森林环境像其他生态系统一样，有一定的弹性、有一定阈值、有一系列反馈作用，这就是生态系统的自我调节能力，森林的这种自我调节能力称为森林环境的可塑性。

6. 森林环境的公益性

森林环境是自然界最重要的生物库、能源库、基因库、CO_2存储库、O_2生成库、绿色水库、天然抗污染净化器，对自然环境的大气圈、水圈、土壤岩石圈和生物圈都有极其重要的作用，有造福人类的公益性特点。

3.1.2 森林生态系统的结构

森林生态系统经过长期的自然演化，森林中的生物和环境之间、生物和生物之间，都形成了一种相对稳定的结构，并且具有相应的功能，森林生态系统的结构属性包含组成结构、空间结构、营养结构三个方面。

1. 组成结构

森林生态系统由非生物和生物成分组成。

非生物环境包括无机物质、有机物质以及气候因素。无机物质如 O_2、CO_2、氮、水分和矿质盐类等，它们参与森林生态系统中的物质循环。有机物质包括蛋白质、碳水化合物、脂类和腐殖质等，它们是生物成分与非生物成分的联结者。气候因素有太阳辐射、温度、湿度、风、雨、气压等。

生物成分包括生产者、消费者和分解者。生产者主要指绿色植物，可利用简单的无机物质合成有机物质。森林生态系统生产者的功能是进行初级生产，即光合作用。太阳能只有通过生产者才能源源不断地输入生态系统，成为消费者和还原者的主要活动能源。消费者由动物组成，自身不能生产有机物，只能直接或间接取食于植物，从中获取能量，属异养生物。分解者属异养生物，其功能是将动植物残体的复杂有机物分解为生产者能重新利用的简单无机物。分解者是任何生态系统不可缺少的组成成分，如果生态系统中没有分解者，动植物的遗体和残遗有机物会堆积成灾，物质循环将中断，生态系统中各种营养物质会出现短缺并导致整个生态系统瓦解和崩溃。整个分解过程不是由某一类生物就能完成的，往往有一系列复杂的过程，各个阶段需由不同的生物完成。

2. 空间结构

森林生态系统中的群落在其形成过程中，由于环境条件的逐渐变化，导致不同的植物对生态环境有不同的要求和适应性，环境因素在不同地段上绝对的一致性是不存在的。土层厚度、土壤湿度、土壤养分、上层林冠的郁闭状况以及小地形的影响等，往往存在着不同程度的差异，因而，生态系统中不同生态习性的植物处于不同的层次和地面差异，形成群落的垂直结构和水平结构。

森林生态系统具有明显的垂直结构，通常可以划分为乔木层、灌木层、草本层和苔藓层四个层次（图 3－14 所示）。发育完好的森林群落中，各个层次包括组成该层次的植物种类都具有相互适应性和相对稳定性，各个层次特别是下层对位于上面的层次具有更大的依存性。如果上层林木被毁，必然导致林内环境条件的骤然改变，原来依附于上层林木而存在的下层植物自然会跟着大量消失，或被另外的一些植物所代替。森林群落的成层现象既指地上部分，也包括地下部分，地下成层现象主要是根据不同种植物的根系类型、土壤理化性质、土壤水分和养分状况而形成的。一般情况下，群落的地下根系层次常与地上的层次相对应。例如，乔木的根系入土较深，灌木的根系较浅，草本的则多分布于土壤表层。

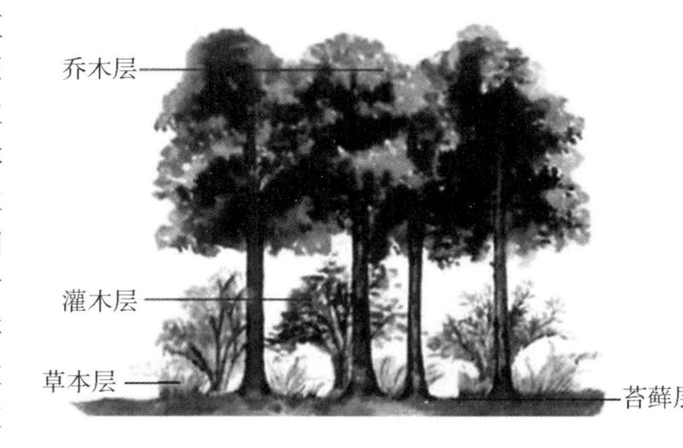

图 3－14　森林群落的分层现象

环境因素和植物本身的生态学差异，导致森林生态系统中不同地段上形成由一些植物种类构成的小组合和小群聚，这是森林生态系统的水平结构的主要表现。例如，在林下阴暗的地方往往有一些耐阴性植物种类形成的小组合，而在林下较明亮的地方则往往有一些喜光植物种类形成的小组合。群落内部的这样一些小的植物组合，称为小群落，它们只是整个群落的一小部分。每一个小群落由一定的种类成分和生活型组成。因此，它们不同于垂直结构，而是群落水平分化的一个结构部分。

因此，森林生态系统的垂直和水平结构现象，是各种植物彼此之间有效地利用空间、最大限度地从环境中获得物质和能量而形成的一种适应现象。

3. 营养结构

森林生态系统除了结构组成和空间结构特征外，还具有特殊的、复杂的营养关系，这种营养关系称为营养结构。森林在生态系统中生物成员间最重要的联系是借助营养关系实现的。营养结构以食物关系为纽带把生物和它们的非生物环境联结起来，使物质循环与能量流动得以在生态系统中的无机环境和生物群落之间进行。

森林生态系统中的初级生产者如绿色植物从环境中获得太阳辐射能和各种必要的营养物质，制造出有机物质供给各级消费者使用，该过程中所形成的以营养和能量转移为中心的链索关系，称为食物链。一般的食物链都是由4～5个环节构成的，如“鹰捕蛇—蛇吃小鸟—小鸟捉昆虫—昆虫吃草”。食物链的类型主要有三种：捕食食物链、分解食物链、寄生食物链。以上三种食物链，在绝大多数生态系统中同时存在，不过有所侧重。森林生态系统是以分解食物链为优势的生态系统，因为构成森林的绝大部分生物量是木材，在天然条件下，木材主要被昆虫、蚯蚓、节肢动物及真菌细菌腐化，落在地上的凋零物同样被腐生生物分解。在人工管理条件下，大部分木材被采伐移走，林内采伐的剩余物主要靠微生物分解，移走的木材制成各种器件或加防腐处理，虽贮存耐久，但最终还是要被腐化分解，转化为热能归还给环境。

但是在生态系统中生物间实际的取食和被取食关系比食物链表达的更复杂，如食虫鸟捕食瓢虫，还捕食蝶蛾，而食虫鸟本身不仅被鹰隼捕食，也是猫头鹰的捕食对象。在生态系统中生物成分间通过食物形成的能量传递关系存在着一种错综复杂的普遍联系，像是一个无形的网把所有的生物都包括在内，这就是食物网。食物网使生态系统中各种生物成分有着直接或间接的联系，从而增加了生态系统的稳定性。假如，食物网中的某一条食物链发生了障碍，可以通过其他食物链进行调节和补偿。食物网的关系在自然界中是极其普遍、复杂的现象，它维持着生态系统的平衡，推动着有机界的进化。

3.1.3 森林生态系统的功能

森林生态系统是陆地生态系统中分布最广、生物总量最大的自然生态系统。森林不仅对于维持全球的能量流动和物质循环具有不可估量的作用，还为人类的生活和经济建设提供多种直接和间接的产品。森林生态系统功能体现在以下五个方面。

1. 维持生物多样性

森林生态系统是地球上最复杂的生态系统，是自然界最完善的物种基因库，多种多样的森林生态系统为动植物提供了良好的栖息地。

2. 防风固沙、遏制土地沙化和荒漠化

森林可以降低风速，吸附飘尘；树木根系可以保护土壤，防止土壤的风蚀和水蚀；枯枝落叶和根系遗留在土壤中，是土壤肥力的主要补充源泉，还可改良土壤；森林对烟尘和粉尘有明显的过滤、阻滞和吸附作用。此外，森林生态系统可为农业生产提供生态屏障，

在防护林木带保护下的农田，遇到风灾、旱涝灾害时可以得到防止或减轻。

3. 涵养水源、保持水土

由于林木根系的作用，森林土壤形成涵水能力很强的孔隙，当森林土壤的根系空间达1m深时，每公顷森林可贮水500～2000 m^3，所以森林被喻为“绿色水库”。森林能承接雨水，减少落地降水量，使地表径流变为地下径流。森林强大的根系可把土壤固着在周围，土壤表面都被枯枝落叶覆盖，提高了水分的渗透，防止土壤被冲刷。茂密的林冠对降水有截留作用，一般情况下有20%～30%的降水量被林冠所截留。这种截留可降低降水程度，从而减少雨水对土壤的侵蚀，延缓地表径流过程，减少水土流失。

4. 调节气候

森林可以调节陆地水分循环和小气候，增加区域性降水，森林的蒸腾作用对自然界的水分循环和改善气候有重要作用。植物蒸腾可保持空气的湿度，使昼夜温度不致骤升骤降，夏季减轻干热，秋冬减轻霜冻。生态系统中的绿色植物通过固定大气中的二氧化碳而减缓了地球的温室效应。绿色植物在生物生产中同时调节着大气中氧气的变化，保证生命活动的基本条件。如亚马逊热带雨林每年能够固定2～3亿吨 CO_2，相当于地球 CO_2 排放量的5%，可见绿色植物对区域性乃至全球气候具有直接的调节作用。

5. 经济价值

森林不断为国家建设和人民生活提供了包括木材、竹材、人造板、木浆、林化产品、木本粮油、食用菌、花卉、桑蚕、药材等在内的大量物质产品，包括各种林产品和动物、植物性的副产品。

3.1.4　森林生态系统受损原因

随着人口和经济的快速增长，对资源和农业用地的需求也逐渐增加，大面积的森林被采伐、火烧或转变为农业用地。目前，世界天然森林的总面积在不断减少，森林覆盖率锐减，动物栖息地丧失，整个生物圈的调节功能受到威胁。森林生态系统受到损害的原因主要包括以下几个方面。

1. 自然灾害

台风、暴雨、火灾、滑坡、洪水、河流改道等自然灾害都会对森林产生重要的影响，虽然自然灾害的频率较低，但破坏面积常常达数百平方公里，而且某些自然灾害如洪水、火山喷发对生态系统的影响可持续数百年。

虽然多数热带雨林终年常绿，但热带雨林仍有较高的火灾发生概率。例如2019年的亚马孙森林火灾频发，根据巴西空间研究所的数据，巴西以及亚马逊地区2019年的火灾发生率比前一年高出80%。当年8月，亚马逊地区森林大火多发且持续燃烧，过火面积超过100万公顷，大火持续时间长、燃烧面积大，对当地的生态环境破坏较大；释放出大量的二氧化碳和气溶胶，对当地乃至全球的气候都产生了较大影响。火灾是人类为了清理灌木丛，以及开辟农业用地而引起的，在干旱条件下，许多火灾都失去了控制。

图 3－15　亚马孙森林火灾中被烧焦的土地（2019 年 9 月 11 日巴西帕拉州，图片来源：中新网）

2. 森林采伐

森林采伐是导致热带原始森林生态系统受损的主要原因之一。森林采伐不仅直接导致森林面积的减少和生境的丧失，同时也增大了伐后林遭受进一步干扰的可能性。森林采伐后形成大量的林下残余物，使得伐后林更容易遭受森林火灾。

由于采伐方式、强度、间隔时间的不同，森林采伐对于森林生态系统的结构、功能和生物多样性的影响存在较大的差异。在热带林采伐过程中，除了具有一定商品价值的大径级树木被采伐外，其他所有树木个体也被清除和焚烧。不过，随着热带林经营观念的转变，径级择伐成为当今热带林商业采伐的主要生产方式，由于只采伐少量大径级个体，林下大量的幼苗、种子可以保证森林被采伐后的恢复。但是择伐过程中的其他因素，如采伐植被的类型、土壤条件、采伐个体的空间分布、采伐强度、采伐手段等都会影响择伐森林的植被恢复速度和方向。在主要林木产区，由于反复间伐、择伐，导致森林生态系统层次性的降低、小生境改变。

森林采伐中采伐倒木和机械设备对森林树木和土壤的影响也值得关注。在亚马逊东部热带林中，虽然径级择伐只移除森林中 1%～2% 的胸径大于 10 cm 的个体，但是有 26% 的个体在采伐过程中死亡或者损伤，林冠盖度也几乎下降了一半。由于机械设备的物理压力和对土壤表层的破坏作用，道路土壤紧实度增加，养分和水分含量下降，从而抑制了种子萌发和幼苗更新。因此，道路遗弃后的森林更新速度远落后于森林内部，而且也为其他物种入侵到森林内部提供了便利通道。

3. 刀耕火种

刀耕火种又叫迁移农业，是一种古老原始的农业耕作方式，广泛存在于各热带地区。这种耕作方式没有固定农田，农民要先把树木全部砍倒，将枯死或风干的树木用火焚烧，在林中清出土地，播撒种子，靠自然肥力获得粮食。当一片土地的肥力减退时，就放弃它，再去开发另一片，所以被称为迁移农业。这种耕作方式由于不向土地施肥，经过两三年或三四年，土地的养分被作物吸收，雨水冲刷和细菌快速分解，使得由焚烧植被留下的营养元素消耗殆尽，每块土地仅能耕种 10～20 年，甚至更短的时间。如果周围土地充裕，

就等待植被基本恢复以后再进行刀耕火种；如果土地不充裕，就不等植被恢复，直接进行刀耕火种。如此，火烧后留下的灰分营养就会逐步减少，维持生长的年限不断缩短，这样恶性循环，最后会导致生态平衡的破坏，农民只好迁往他处。

在我国云南和海南等省份的山区，长期以来人们一直采用刀耕火种的耕作方式，在大面积的森林中砍伐一定面积的林地种植作物，种植 1 ～ 2 年后就弃耕，10 年后再重新种植作物。这种方法在某种意义上有利于森林生态系统的恢复和物种的保存，但当“刀耕火种”面积过大和频率过快时，就容易造成生物多样性丧失和森林的永久退化。

4. 农业弃耕地

20 世纪中期，大面积的美洲热带林砍伐后作为牧场或者农业生产用地。但随着国家经济结构的调整，工业化和城市化的进程促进了农业撂荒地大面积的增加。当耕地被废弃后，农作物将逐渐消失，杂草等开始出现。最初出现的植物是该地区植物区系中典型的一年生杂草，不久二年生杂草加入，然后是多年生草本，特别是禾本科杂草，以后是阳性或旱生灌木型群落、乔木群落，以致耐阴的乔木群落重新侵占。弃耕地的演替最后阶段并不都是森林，这取决于地区的气候和破坏的周期性。与刀耕火种弃耕地相比，农业弃耕地面积更大、使用时间更长，因而其恢复过程更加缓慢，不同的破坏强度在很大程度上决定了农业弃耕地的恢复速度。

受损的森林生态系统，其变化的特点通常都是生产力降低，生物多样性减少，调节气候、涵养水分、保育土壤、贮存营养元素等生态功能明显降低。若受损程度较轻，生态系统会呈逐步退化的形式；若干扰较重、频次较高受损生态系统得不到恢复，很可能会发生不可逆演替。

近年来，人们对森林生态系统的功能及其重要性有了进一步的认识，采取了更积极的行动对受损的森林生态系统进行生态修复，并有计划、大规模地开展生态防护林的建设。

3.2　森林生态系统的修复技术

森林生态系统在维持地球生态平衡方面发挥着重要的作用，对受损森林生态系统进行修复是预防其进一步退化的主要措施。若森林生态系统受损程度轻微，则可通过自我调节得以修复；若受损程度较轻，且不能通过自我调节来修复，如果不采取人为措施加以干预，森林所受的伤害将进一步加深；若森林生态系统受损严重，而人类不能阻止这些损害，很可能会发生不可逆的演替，从茂密的森林植被快速演替为灌丛或草本植被。修复过程和方法要遵循生态系统的演替规律，加大人工辅助措施，促进群落的正向演替，受损森林生态系统的修复与重建通常采用如下方法。

3.2.1　封山育林

封山育林是简便易行、经济省事的措施。它是利用森林的自我更新能力，在自然条件适宜的山区，实行定期封山，禁止垦荒、放牧、砍柴等人为破坏活动，以恢复森林植被的一种育林方式。封山育林的目的并不是封山，而是使山形成森林，封山只是一种手段，因此，在封山的同时，必须根据山林的具体情况，采取各种培育森林的措施。

根据实施封育时间的长短，分为全封育、半封育和轮封育。

全封育是指较长时间内禁止一切人为活动，将山彻底封闭起来，禁止入山进行各种生产、生活活动。全封育对于受损较轻、种子库丰富的森林生态系统，是最经济易行且有效的方法。

半封育是指根据林木的生长情况，季节性地开山。平时禁止入山，到一定季节开山，在保证林木不受损害的前提下，有组织地允许周围居民入山，开展生产活动。

轮封育是将拟定进行封山育林的山地，划成若干地段。先在其中一部分地段实行封山，其余部分开山，周围居民可以入内进行生产活动。若干年后，将已封山的地段开放，再封禁其他地段。

封山可以最大限度地减少人为干扰，为植物群落的恢复创造适宜的生态条件，使生物群落由逆向演替向正向演替发展，使被破坏的森林生态系统逐渐恢复到最优状态。

3.2.2 林分改造

林分改造是由于其密度小、树种组成不合理而不能充分发挥地力；或者由于生长不良，树干弯扭、枯梢，或遭遇病虫害与自然灾害后生长势衰退，成林不成材。对于受损较为严重、自我修复较为困难的森林生态系统，可以通过人工改良环境条件，引进当地植被中的优势种、关键种和因受损而消失的重要生物种类，加速生态系统的正向演替速度。

林分改造又称为低产林改造或低价值林改造，是根据森林经营要求，将低产、低价值的林分，改变成为优质、高产林分的营林技术措施。也就是对树种组成、密度、森林起源和生长状况等不符合经营要求的林分，采取综合措施，使其转变为符合森林经营要求的，能生产大量优质木材和其他多种产品，并能充分发挥各种有益效能的优良林分。

由于低价值林分的复杂性，在进行改造时，常需要采用两种以上的营林措施。如在低价值林中，常需伐除部分不合乎经营要求的树木（抚育），同时栽植价值高的树种（造林），以提高森林的价值。因此，林分改造实质上是对各种营林技术的综合运用。

3.2.3 透光抚育

透光抚育常又简称透光伐，是在幼龄林中进行的抚育采伐，在混交林，其目的主要是调整林分的组成。混交幼龄林多数由天然更新形成，往往有几个树种，其中有的是价值较高的、符合经营要求的树种，但可能多数为价值较低的树种。这类混交林中主要树种常受次要树种的抑制，最后可能有被淘汰的危险。因而必须实施透光抚育，伐去威胁主要树种生长的次要树种，以确保价值较高的主要树种正常生长，并使其在林分中占较大的比重。在纯林中，透光抚育以调整密度为主要任务，即当林木过分拥挤而影响生长时，伐去过密处质量较差的林木，使保留木充分透光。

透光抚育的方法，从抚育范围来说，包括全面抚育法、团状抚育法和带状抚育法。

（1）全面抚育法是在林分中全面地进行透光抚育，即将所有妨碍主要树种生长的次要树种全部伐除，使主要树种能得到充分的光照。

（2）团状抚育法是当林分中主要树种分布不均时可以进行团状透光抚育，即只在有主要树种分布的群团状地块中进行透光抚育，清除抑制主要树种的次要树种，目的是节省抚育成本。

（3）带状抚育法是将需要进行抚育采伐的林分，区划成抚育带（宽1～2 m）和间隔带（宽3～4 m），在抚育带上进行透光抚育，使保留木获得充分的光照，间隔带不进行抚育。这种方法介于前两种方法之间，是常用的透光抚育方法。

透光抚育时，除用一般机具清除非目的树种外，还可用药剂杀死次要树种、灌木及高草，以达到给保留林木透光的目的。

3.2.4　林业生态工程技术

林业生态工程根据生态学、林学及生态控制论原理，设计、建造与调控以木本植物为主的人工复合生态系统的工程技术，其目的在于保护、改善与持续利用自然资源与环境。它是受损森林生态系统修复与重建的重要手段，主要包括四个方面的具体内容：区域总体规划、时空结构设计、食物链结构设计、特殊生态工程设计。

（1）区域总体规划指的是在平面上对一个区域的自然环境、经济、社会和技术因素进行综合分析，在现有生态系统的基础上，合理规划布局区域内的天然林、人工林、林农复合、林牧复合、城乡及工矿绿化等多个不同结构的生态系统，使它们在平面上形成合理的镶嵌配置，构筑以森林为主体的或森林参与的区域复合生态系统的框架。

（2）对于每一个生态系统来说，系统设计最重要的内容是时空结构设计。在空间上就是立体结构设计，指通常所说的“乔灌草结合、林农牧结合”，即通过对组成生态系统的物种与环境、物种与物种、物种内部关系的分析，在立体上构筑群落内物种间共生互利、充分利用环境资源的稳定高效的生态系统；在时间上，就是利用生态系统内物种生长发育的节律和时间差异，合理安排生态系统的物种构成，使之在时间上充分利用环境资源。

（3）食物链结构设计是利用食物链原理，设计低耗高效生态系统，使森林生态系统的产品得到再转化和再利用，是森林生态工程的高技术设计，也是系统内部植物、动物、微生物及环境间科学的系统优化组合，如桑基鱼塘、病虫害生物控制等。

（4）特殊生态工程设计是指建立在特殊环境条件下的林业生态工程、严重退化和困难地生态工程（如盐遗地、流动沙地、崩岗地、裸盐裸地、陡峭边坡）。由于环境的特殊性，必须采取特殊的工艺设计和施工技术才能完成。

总的来说，林业生态工程的目标是通过人工设计，建造某一区域（或流域）以木本植物为主体的优质、高效、稳定的复合生态系统，以达到自然资源的可持续利用及生态环境的保护和改良。

3.3　海南省森林生态系统修复实例

3.3.1　海南森林生态系统概况

地球上的热带雨林主要分布在中、南美洲亚马孙河流域，非洲刚果盆地，南亚等地区。中国台湾、云南、海南及澳大利亚局部地区也有分布。海南岛处于热带北缘，属于高温多雨的热带季风气候，地貌为中间高、四周低，山区的边缘是丘陵、盆地。这样的地势地貌构成了海南岛的森林主要遍布于中部和西南、东南部的高山大岭。海南岛热带林主要分布在东南部的牛上岭、三角山、白马岭；中部五指山、黎母岭、黑沙岭和青春岭；西南部的鹦哥岭、马或岭、霸王岭、尖峰岭、朦瞳岭以及毫肉岭和哥分岭一带，海拔 500～700 m 或以上的山地。海南岛五大热带原始森林区分别为：五指山热带原始森林区、霸王岭林区、尖峰岭林区、吊罗山林区、黎母山林区。截至 2019 年年底，海南省林地面积 3165 万亩，森林面积 3204 万亩，森林覆盖率 62.1%，活立木总蓄积量 1.75 亿 m^3。

海南岛的热带雨林有其独特的外貌和结构特征。热带森林植物区系非常复杂，种类繁多，据记载有维管植物4200种以上，大部分属于热带成分，只在山区才有部分的亚热带成分和极少量温带成分。海南岛热带林同时也是农作物的野生近缘物种的基因库，已知的280种作物的近缘野生种中，多数分布在热带林中。热带林为大型动物的栖息和生存提供了必不可少的空间。毫无疑问，尽快修复和保护已经遭受严重破坏的热带森林是当前最为紧迫的任务之一，与此同时，不断提高热带林面积也是海南岛生态文明建设的一个重要内容。

图3－16　黎母山热带雨林（南海网记者刘洋摄）

海南岛自古以来就分布着大面积的热带雨林，人类对农业土地和木材资源的需求导致海南岛热带林经历了较长的破坏过程，可划分为四个阶段：历史阶段（1933年日军入侵海南岛以前）、新中国成立前阶段、新中国成立后开发阶段、全面保护阶段（1994年后全岛禁伐）。文献资料表明，抗日战争时期，海南岛被日军占领，热带森林资源受到疯狂掠夺，热带原始森林被大面积采伐，森林覆盖率大幅度下降至原来的50%。新中国成立初期，海南岛拥有天然林1800万亩，1958年，为满足国家建设对木材的需求，海南相继建立了16个森工采伐企业，为国家建设输送了大批优质木材。至1979年，天然林面积锐减至570万亩，导致水土流失加剧，生态平衡失调，某些物种已成为濒危植物或趋于灭绝状态。总的来说，海南岛热带林面积不断减少主要源于早期人类农业开发过程中的森林砍伐、少数民族的刀耕火种、日本入侵后和新中国成立后的森林商业采伐等。

为了保护、恢复和发展海南岛的热带天然林，1980年7月，国务院批转《海南岛问题的麻谈会纪要》（即国发〔1980〕202号文）指出："建设海南岛的林业，必须采取保护、恢复与发展并重的方针。"为了贯彻国务院的指示精神，海南岛采取了一系列措施。

1. 天然林全面禁伐，实施封山育林和封山护林

从1984年起，海南11个森工采伐企业的年木材产量从原来的20万 m^3 降到6万 m^3。1993年7月30日，海南省第一届人民代表大会常务委员会第三次会议通过了《海南省森林保护管理条例》，自1994年1月1日起全面停止天然林的商业性采伐，在根本上遏制了大规模天然林商业采伐行为。1998年，国家天然林资源保护工程在海南正式启动，全省4个林区、7个森工林场，共计面积688.5万亩，被纳入全国重点国有林区天然林保护工程实施范围，给热带天然林的恢复和发展带来了新的生机。1999年2月，海南省人大通过

《关于建设生态省的决定》，在全国率先提出建设生态省，把建设“生态省”计划作为可持续发展的战略决策。

2. 建立保护区

全省林区、林场实施森工转向，各主要森林采伐单位也通过改制逐步转变为森林保护单位，其广大职工在没有经济来源、生存条件极为艰苦的情况下，义无反顾地承担起了保护海南天然林资源的责任。根据 2019 年《海南省统计年鉴》（2018 年年底），海南省森林面积为 3204 万亩，森林覆盖率为 62.1%。海南省有森林公园 28 处，其中国家级 9 处，省级 17 处，市县级 2 处，面积共计 255 万亩。实施林业生态修复与湿地保护专项行动，其中林业生态修复 20.92 万亩。经过海南全省林业系统的共同努力，热带天然林资源得到有效保护，森林面积逐年增加，林分质量明显提高，生态环境得到较大改善，原来的旱、涝、水土流失等自然灾害明显减少，保障了全省的农业生产。

3. 发展热带人工林，实行森林分类经营

根据第九次全国森林资源清查结果（2014—2018 年），海南省人工林面积为 140.40 万公顷，占森林面积的 72.19%。人工林是海南省的一大特色，目前其面积已经超过天然林。海南岛的热带天然林主要分布在山区地带，因此不能仅靠天然林发挥森林生态系统抵御自然灾害、调节水源等生态优势。按照海南省林业发展的布局，沿海平原、台地、丘陵地区以发展用材林、经济林为主。目前海南已建立起我国最大的以橡胶为重点的热带经济林基地，橡胶是我国热带特色的经济产业，海南的橡胶栽培面积、产量占全国各产区的第一位。建设沿海防护林体系和实施经济林、农田防护林网格化，已建立了具有一定规模的速生丰产用材林基地，促进林业产业的壮大和发展。自海南省建省以来，先后实施了百万亩椰林、林浆纸一体化、退耕还林、海防林建设、五大河流域生态保护与恢复等重大人工造林绿化工程。人工林已成为林业产业化的主体，它不仅是一项产业，还承担着发挥森林的多种生态功能和效益、服务和促进全省经济和社会发展的重要作用。因此，探索海南热带森林可持续经营的方法和途径，对于海南生态省建设有重要意义。

3.3.2　实例：鹦哥岭自然保护区建设

海南省目前拥有 10 个国家级自然保护区，其中五指山、尖峰岭、铜鼓岭、吊罗山等自然保护区均是以热带原始森林生态系统为保护对象的国家级自然保护区。

海南鹦哥岭自然保护区地处海南岛中南部，最高峰为鹦哥岭，标高 1812 m，最低海拔为 170 m，属于热带海洋性季风气候，保护区周边还有国家级和省级重点生态公益林。该保护区 400 m 以下为典型的热带气候，生长着典型的热带雨林，土壤为典型的热带砖红壤类型。

鹦哥岭国家级自然保护区的建设经历了几十年的发展历程。从 1981 年开始，当时的海南黎族苗族自治州林业局将鹦哥岭及其周边 160 公顷的范围划为国有水源林进行全封保护。1992 年海南省林业局计划在此筹建省级自然保护区，但由于缺乏全面的资源状况调查等，未获批准。考察队多次对该地区进行了调查，认识了鹦哥岭森林生态系统对海南生态环境生物多样性的价值。2004 年 7 月，海南省政府批准成立了海南鹦哥岭省级自然保护区，保护区面积 50464 公顷，为海南森林类型面积最大的自然保护区。2014 年 12 月 23 日，鹦哥岭被批准成为国家级自然保护区，是海南省陆地面积最大的自然保护区。鹦哥岭

图3－17 鹦哥岭国家自然保护区：鹦哥嘴（海南热带雨林国家公园管理局提供）

由于山高坡陡、交通闭塞、人烟稀少，未有过大规模的开发，至今仍表现出明显的原始特征，是我国热带雨林生态系统中保存最完整的自然保护区之一。

鹦哥岭保护区周边村庄社区经济落后，生产生活主要依赖当地的自然资源，包括水田耕作、刀耕火种、狩猎、薪柴等，同时经营少量副业。目前保护区周边居民对自然资源的利用呈现出新的特点：村民大量种植橡胶和南药等热带经济作物；不法木材商人诱导村民上山非法砍伐木材和偷猎；人工纸浆林种植面积快速增加，直接替代了天然林，而且修筑的植林道路为偷猎盗伐创造了方便。长久以来，居民“靠山吃山”的传统观念根深蒂固，使某些非法分子仍然可以进行违法活动，对鹦哥岭保护区的天然林和生物多样性构成了严重的威胁。

随着我国对生态环境保护的日益重视，国家自然保护区网络也在不断扩大，保护区周边社区的发展需求和保护区管理目标之间产生了一些常见的问题与矛盾。鹦哥岭自然保护区与周围普遍贫困的居民社区地域相连，相互影响是直接和显著的。一方面，周边居民对自然资源的利用直接影响到保护区对自然资源的管理和保护；另一方面，按国家相关的法律法规，保护区的建立和保护也直接限制了周边居民对自然资源的利用，减少了居民从自然资源中能够直接获取的收益，在一定程度上限制了社区的发展。

鹦哥岭自然保护区建设过程中面临着一些挑战：保护区建设时间短、人员不足；保护区面积大，周边社区居民普遍贫困，对保护区的理解不深；资金短缺和投入不足；保护区管理经验不足；周边居民利用森林资源方式和森林保护矛盾突出。发展并完善鹦哥岭自然保护区建设，进行全方位生态保护，是践行海南省生态文明建设的路径之一。为更好地促进保护区建设，鹦哥岭保护区管理层制定了详细的措施和发展规划。

1. 科学划分保护区功能

我国的保护区系统实行的是功能区规划，分为核心区、缓冲区和实验区。但很多保护区把距离居民区最远的区域划作核心区，受地理环境限制，最远的山顶高地反而生物多样性较低；而把一些中低海拔资源丰富、保存完好的区域划定为缓冲区，甚至是实验区。鹦

哥岭自然保护区综合科学考察的成果，把保护区内各种天然类型保存完好的地区划分为核心区，强化管理。同时处理好缓冲区、实验区规划，确保周围村庄不受影响的情况下，保护好生物资源。

2. 建立数字化管理系统

2007年以来保护区科技人员根据已有资料，针对还没有深入了解的地区开展了多次野外调查，制定了完整详尽的植被图和资源、土地利用图，建立了完善的资料贮存及数据评估系统、监测及应变系统。

3. 培训员工，提高科研、管理水平

保护区广招人才，开展课程培训，邀请专家指导，参与野外考察和国内外交流，明确赏罚制度和考核标准，建立起一支精神面貌良好、技术力量强大的员工队伍。

4. 加强保护区与社区交流

评估当地每户居民对森林资源的依赖程度，以及居民对可持续生产的兴趣，针对评估结果开展培训学习班，使群众树立可持续发展的观念，帮助居民改善基本生活设施及生产技术。

海南是我国最重要的热带地区之一，保存着大面积原始热带森林，其科学价值、环境价值和经济价值巨大，是我国和世界的资源宝库，发展热带森林资源具有得天独厚的自然优势。海南省热带天然林资源恢复、人工林产业、森林保护区建设取得了巨大的成效，各类林地数量增加，退耕还林现象明显，森林覆盖率逐年上升。森林资源由过度消耗向恢复性增长转变，林业经济社会发展由举步维艰向稳步复苏转变，生态状况由不可持续向可持续方向演化。热带森林资源的修复和保护不仅是海南森林资源发展自身的需要，也是海南生态文明建设的一个关键组成部分。

第四节　农田生态系统

农田生态系统是随着人类的发展而出现的，是关系到人类生存的重要生态系统，它的主要功能就是满足人们对粮食的需求，为人们提供充足的食物供给。农田生态系统提供着全世界66%的粮食供给，因其具有这种巨大的服务功能价值，从而构成了人类社会存在和发展的基础。但人类在利用其服务功能的同时，又通过非持续的发展方式导致农田生态系统以史无前例的速度退化。在过去的发展中，世界范围内40%的农业用地出现退化，特别是作为我国粮食生产基地的东北地区，土壤黑土层不断丧失，这不但削弱了农田生态系统提供服务功能的能力，更引发了一系列的环境和生态安全问题，威胁到人类社会的发展。因此，只有对农田生态系统服务功能、调控机制和驱动力进行深入研究，才能从根本上深刻理解、科学评价、合理调控，才能实现农田生态系统服务功能的可持续性，为人类的生存和社会的可持续发展提供基本保障。

4.1 农田生态系统概述

4.1.1　农田生态系统的概念和特点

农田生态系统是指人类在以作物为中心的农田中，利用生物和非生物环境之间以及生物种群之间的相互关系，通过合理的生态结构和高效生态机能，进行能量转化和物质循环，并按人类社会需要进行物质生产的综合体。它是农业生态系统中的一个主要亚系统，是一种被人类驯化了的生态系统。农田生态系统由农田内的生物群落和光、二氧化碳、水、土壤、无机养分等非生物要素构成。农田生态系统不仅受自然规律的制约，还受人类活动的影响；不仅受自然生态规律的支配，还受社会经济规律的支配。

农田生态系统是人建立的生态系统，因此，人的作用非常关键，人类种植的各种农作物是这一生态系统的主要成员。农田中的动植物种类较少，群落的结构单一。所以，人们必须不断地从事播种、施肥、灌溉、除草和治虫等活动，才能够使农田生态系统朝着对人有益的方向发展。因此，可以说农田生态系统是在一定程度上受人工控制的生态系统，一旦人的作用消失，农田生态系统就会很快退化，占优势地位的作物就会被杂草和其他植物所取代从而变成其他的生态系统。

农田生态系统与陆地自然生态系统有明显的区别，其主要区别在于系统中的生物群落结构较简单，优势群落往往只有一种或数种作物；伴生生物为杂草、昆虫、土壤微生物、鼠、鸟及少量其他小动物；大部分经济产品随收获而移出系统，留给食物链残渣的较少；养分循环主要靠系统外的投入而保持平衡；农田生态系统的稳定有赖于一系列耕作栽培措施的人工养地，在相似的自然条件下，土地生产力远高于自然生态系统。

图3－18　海口市琼山区三十六曲溪的周边农田景观

4.1.2　农田生态系统的结构

与其他生态系统一样，农田生态系统的结构主要包括时间结构、空间结构和营养结构等基本结构。

1. 时间结构

随着季节变化而种植不同作物形成的结构，称为农田生态系统的时间结构。在农田生态系统中时间结构反映各物种在时间上的相互关系，同时也反映每个物种所占的时间位置。如农田生物类群有不同的生长发育阶段、生态类型和季节分布类型，适应不同季节的作物按人类需求实行复种、套作或轮作，占据不同的生长季节。

2. 空间结构

空间结构是指农田生态系统中各个组成成分的空间配置，又分为水平结构与垂直结构。

水平结构是指一定区域内，水平方向上各种农田生物类群的组合与分布区，即由农田中多种类型的景观单元所组成的农田景观结构。在水平方向上，常因地理原因而形成环境因子的纬向梯度或经向梯度，如温度的纬向梯度、湿度的经向梯度。农田生物会因为自然和社会条件在水平方向的差异而形成带状分布、同心圆式分布或块状镶嵌分布，如农田生产中采用的间作、套种就是典型的水平结构。

垂直结构是指农田生物类群在同一土地单元内，垂直空间上的组合与分布。在垂直方向上，环境因子因地理高度、水体深度、土壤深度和生物群落高度而产生相应的垂直梯度，如温度的高度梯度、光照的水深梯度，农田生物也因适应环境的垂直变化而形成立体结构。在农业生产上，人们利用生物在形态、生态、生理上的不同而创建复合群体，实行高矮相间的立体种植、深浅结合的立体养殖以及种养结合的立体种养方式，形成了多种多样的人工立体垂直结构。

3. 营养结构

营养结构又称食物链结构，是指农田生物以营养为纽带而形成的若干条链状营养结构。在农田生态系统中，营养结构反映各种生物在营养上的相互关系，同时也反映每一种生物所占的营养位置。农田生态系统不仅具有与自然生态系统相同的输入、输出途径，还有人类有意识的输入和强化了的输出。有时，人类为了扩大农田生态系统的生产力和经济效益，常采用食物链“加环”来改善营养结构；为了防止有害物质沿食物链富集而危害人类的健康与生存，而采用食物链“解链”法中断食物链与人类的链接，从而减少对人类的健康危害。

4.1.3　农田生态系统的服务功能

农田生态系统的服务功能常指生态系统与其生态过程形成的能够维持人类生存的物质生产和服务。农田的非生物环境、生物特征、生态过程及三者之间的相互作用结果是生态系统服务功能形成的内在机制。同时，人类活动构成了生态系统服务功能的驱动力。关于农田生态系统的服务功能可以概括为以下几个方面。

1. 产品生产功能

农产品的生产是农田生态系统的首要功能。借助人工辅助的投入和管理，农田生态系统进行较高效的物质能量循环，为人类提供维持生命活动的食物（粮食、蔬菜、水果等）、经济作物（饲料、花卉、药材等），以及为轻工业提供原料（纤维、木材、橡胶等）。

2. 调节大气功能

农田生态系统通过光合作用和呼吸作用，固定二氧化碳释放氧气，维持大气中二氧化碳和氧气的动态平衡。在大气调节功能中，农田土壤也会排放甲烷、氧化亚氮等温室气体，对全球变暖有着重要影响。尽管农田生态系统的碳汇功能远不如森林生态系统，但是人们可以通过改变播种作物的制度、农作物的水分类型、秸秆还田等方法增加农田土壤的碳汇量。

3. 水土保持功能

尽管长期不合理的农业生产活动加剧了水土流失，但从另一方面来讲，农业活动对于水土保持也具有一定的积极意义。例如，各地农业在实践中摸索出多种水土保持措施以及小流域综合治理等方法，这对于防止土壤侵蚀等发挥了较大作用。研究显示，地表的农作物秸秆不同覆盖和实施水土保持措施下农田生态系统每年可保持土壤 101.9×10^{8} t，在我国西南、西北和东北地区，农田水土保持功能尤为明显。

4. 净化功能

在我国传统的农业生产模式下，农田生态系统承担了重要的环境净化功能。生活中产生的废物，如人畜粪便等经过简单的处理后即可作为有机肥料施入农田，不仅节省了垃圾处理和填埋费用，也可维持农田养分的平衡，起到净化环境的作用。在黄淮海和长江中下游地区，农田生态系统的净化功能相对较强。

5. 生态美学功能

农田是在自然环境的基础上通过人类实践活动改造出来的，在适当的时节和地点会成为一种观赏的景观，例如南方的水田景观、梯田景观等。不同地区的农田有不同的形态，这不仅反映了一个地区的自然地理环境，同时也能反映这个地区的乡土风情。因此，农田具有一定的社会文化研究价值。

6. 社会保障功能

对于我国社会主义初级阶段的国情来讲，农田生态系统生产的农产品不仅是城市居民生活资料的来源，更是农民生活的基本保障和收入来源，具有社会保障功能。

4.1.4　人类活动对农田生态系统的影响

农田是人类赖以生存和发展最基本的要素之一，而我国是一个资源约束型国家，随着人口的逐渐增加，现有耕地土壤资源将承受越来越大的压力，加上不合理的利用和开发，带来了土壤板结、酸化、环境污染、生态平衡破坏等一系列问题，这严重威胁着我国农产品质量和农业生态环境安全。农田生态系统在多种类型的污染作用下，生物组分及生物周边的环境均受到威胁。

1. 污水灌溉

污水灌溉是指对城市生活污水和工业废水进行无害化处理后，直接或间接地用于农田灌溉、园林灌溉和地下水库回灌。污水作为一项水肥资源对农业的发展起到了一定的作用，不仅解决了农业用水的紧张局面，而且污水为农作物生长提供了氮、磷等营养物质，是廉价而方便的水肥资源，但经含盐量较高的污水灌溉的农田土壤容易盐碱化，导致积累性重金属镉、汞、铜等含量超标。污水灌溉对农作物的影响主要是由工业生产污水中的有毒物质引起的。此外，未经预处理的污水灌田后，寄生虫卵对农作物的污染会很严重。据检测资料，污水灌溉一日后每百克蔬菜中含蛔虫卵数量可增至50个。

2. 大气污染

大气污染造成的土壤污染主要是由工业或民用燃烧排放的废气，如 SO_2 等；工业废气中的颗粒物，包括飘尘，如铅、镉等；炼铝厂、磷肥厂的含氟废气等。人类活动产生的重金属粉尘以气溶胶的形式进入大气，经过自然沉降和降水进入农田，造成农田重金属污染。重金属污染物在土壤中移动性很小，不易随水淋滤，不能被微生物降解，通过食物链

进入人体后，潜在危害极大。

3. 农药和化肥的施用

农药作为防治植物病虫害、消灭杂草和调节植物生长的一类化学药剂，被广泛用于农业生产。农药大部分是人工合成的有机化合物，终究要在各种化学作用与生物化学作用下逐渐分解，最后转化为无机化合物。进入土壤的农药通过物理吸附、物理化学吸附、氢键结合和配价结合等形式吸附于土壤颗粒表面上，这种吸附不仅可以改变农药的移动性，而且还影响了农药的降解和生物毒性。农药的过量和不合理施用，会导致的危害主要有：部分种类农药残留在土壤中，不易分解，影响下茬作物的生长；改变土壤酸碱性，降低土壤中可利用的无机盐和有机物的含量；杀灭土壤中有益的生物，进而降低土壤品质；造成土壤板结、盐渍化。

肥料是农业生产的重要条件，它可为农作物生长提供必需的营养元素，满足作物生长发育的需要。在人口压力大、环境资源紧张、农业基础薄弱的严峻形势下，我国粮食生产实现了连续多年连增，化肥做出了不容忽视的贡献。1990 年，我国农作物播种面积是 14836. 2万公顷，粮食作物播种面积是 11346. 6 万公顷，共 26182. 8 万公顷。截至 2014 年年底，农作物播种面积为 16544. 6 万公顷，粮食作物播种面积为 11272. 3 万公顷，二者的面积合计 27816. 9 万公顷，增幅为 6. 24%。1990 年，化肥折纯使用量为 2590. 3 万 t，农药使用量为 73. 3 万 t，累计投入量为 2663. 6 万 t。截至 2014 年年底，化肥折纯使用量为 5995. 9万 t，农药使用量为 180. 7 万 t，累计投入量为 6176. 6 万 t。化肥使用量增幅 131. 48%，农药使用量增幅 146. 52%，化肥和农药累计投入量增幅 131. 89%。化肥和农药累计投入量的增长速度是播种面积增长速度的 21. 14 倍。15 年间，化肥和农药投入量的增幅以平均每年 8. 79% 的速度增长。

但是，由于原料、矿石本身含有杂质，使化肥中常含有一些重金属、有毒有机化合物、放射性物质等副成分。进入土壤中的农药，除了被土壤吸附外，还可通过挥发、扩散的形式迁移进入大气，引起大气污染；或随水迁移、扩散（包括淋溶和水土流失）而进入水体，引起水体污染。

4. 地膜覆盖

地膜具有增温、保墒、除草防虫等效果。农田盖膜技术不仅可以提高土地的利用率，还可以增加农产品的产量，因此这项技术在我国农业生产中被广泛使用。但随着地膜覆盖技术的推广普及，残留地膜也成为重点污染问题，残留地膜污染会导致土壤结构发生变化，使耕地质量下降，同时影响作物生长发育，从而导致作物减产，影响农事操作与播种质量。

4. 2　农田生态系统的修复技术

当前，农田土壤污染问题极其严峻，对周边生态环境产生了严重威胁，而且土壤中的有毒物质还会随着农产品或食物链传播到人体内部，影响人们的身体健康。目前，我国土壤环境整体相对较差，各区域均存在严重的土壤污染问题，对耕地等土壤环境造成了严重破坏。已退化的农田生态系统主要存在农用地面积锐减、生物多样性降低、农田肥力下降且土壤板结、农田盐碱化、土壤污染，甚至农田荒漠化等问题。针对以上问题常见的农田

生态系统修复技术包括物理修复、化学修复、生物修复以及沙漠化防治等手段。

4.2.1 物理修复

物理修复主要是利用污染物与环境之间各自物理特性的差异，达到将污染物从环境中去除、分离的目的。物理修复具有高效、快捷、积极、修复时间短、操作简便、对周围环境干扰少等特点。污染土壤常用的物理修复技术主要包括蒸汽浸提技术、固定/稳定化修复技术、物理分离技术、玻璃化修复、热力学修复、热解吸修复、电动力学修复等。

1. 蒸汽浸提技术

蒸汽浸提技术是指通过降低土壤空隙蒸汽压，把土壤中的污染物转化为蒸汽形式而加以去除的技术，是利用物理方法去除不饱和土壤中的挥发性有机组分（volatile organic compounds，VOC_S）污染的一种修复技术。

2. 固定/稳定化修复技术

固定/稳定化修复技术是指防止或者降低污染土壤释放有害化学物质过程的一组修复技术，包括原位和异位固定/稳定化。通常用于重金属和放射线物质污染土壤的无害化处理，固定/稳定化修复技术需要将污染土壤与固化剂或稳定剂等混合后，投掷于原位或异位进行稳定化处理。

3. 物理分离技术

物理分离技术是指依据污染物和土壤颗粒的特性，借助物理手段将污染物从土壤中分离出来的技术手段，按技术类型还可细分为水力分离、重力分离、泡沫浮选、磁分离、静电分离以及摩擦洗涤等。

4. 玻璃化修复

玻璃化修复技术是通过高强度的能量输入，使污染土壤熔化，将含有挥发性污染物的蒸汽回收处理，同时待污染土壤冷却成玻璃状团块后固定。

5. 热力学修复

热力学修复是利用热传导或辐射实现对污染环境的修复，与标准土壤蒸汽提取过程类似，利用气提井和鼓风机将水蒸气和污染物收集起来，通过热传导加热。在土壤饱和层中利用各种加热手段让土壤温度升高，输入的热量将会使地下水沸腾，溢出蒸汽，带走污染物，从而达到污染修复的目的。

6. 热解吸修复

热解吸修复技术是利用直接或间接热交换，通过控制热解吸系统的床温和物料停留时间有选择地使污染物得以挥发去除的技术，分为加热污染介质使污染物挥发和处理废气防止污染物扩散到大气两步。热解吸技术实际上是一种强化的土壤蒸汽浸提技术，具有较高的去除率，为常见的有机污染物修复技术，可以应用在广泛意义上挥发性有机物和挥发性金属、半挥发性有机物农药，甚至高沸点氯代化合物等的治理与修复上。

7. 电动力学修复

电动力学修复的基本原理类似于电池，利用插入介质中的两个电极在污染介质两端加上低压直流电场，在低强度直流电的作用下，水溶的或者吸附在土壤颗粒物表层的污染物根据各自所带电荷的不同而向不同的电极方向运动，通过电化学和电动力学的复合作用，土壤污染物在电极附近富集或者被收集回收。以阳极作用为例，在电场作用下，阳极附近

的酸开始向介质的毛细孔移动，打破污染物与介质的结合键，此时，大量的水以电渗透的方式在介质中流动，土壤等介质毛细孔中的液体被带到阳极附近，这样就能将溶解到介质溶液中的污染物吸收至土壤表层将其去除。

4.2.2　化学修复

化学修复是利用加入土壤中的化学修复剂与污染物发生一定的化学反应，使污染物被降解和毒性被去除或降低的修复技术。目前常用的化学修复方法有化学淋洗、化学固定、原位化学氧化、原位化学还原与脱氯修复等。

1. 化学淋洗技术

化学淋洗技术是指借助能促进土壤环境中污染物溶解或迁移作用的溶剂，通过水力压头推动清洗液，将其注入被污染土层中，然后把包含有污染物的液体从土层中抽提出来，进行分离和污水处理的技术。淋洗法的除污染物效果与土壤中有机质的含量、pH、清洗剂与金属的浓度比、土壤性质、泥浆稠度等有关。

2. 化学固定技术

化学固定技术是在土壤中加入化学试剂或化学材料，并利用它们与重金属之间形成不溶性或移动性差、毒性小的物质而降低其在土壤中的生物有效性，减少其向水体和植物及其他环境单元的迁移，从而实现污染土壤的修复方法。目前，已有包括多种金属氧化物、黏土矿物、有机质、高分子聚合材料、生物材料等大量的改良材料被应用到污染土壤的化学修复中。利用它们能够吸附或络合重金属、改变土壤介质的酸度等性质，并根据重金属的种类、土壤理化性质、气候条件、耕作制度的不同而被分别用于重金属在土壤中的固定。

3. 原位化学氧化修复技术

原位化学氧化修复技术主要是通过掺进土壤中的化学氧化剂与污染物所产生氧化反应，达到使污染物降解或转化为低毒、低移动性产物的一项污染土壤修复技术。常见的氧化剂有过氧化氢、高锰酸盐及臭氧。

4. 化学还原与脱氯修复技术

对地下水构成污染的污染物经常在地面下较深处，在很大的区域内呈斑块状扩散，这使得常规的修复技术往往难以奏效。一个较好的方法是创建一个化学活性反应区或反应墙，当污染物通过这个特殊区域的时候被降解或固定，即原位化学还原与脱氯修复技术。原位化学还原与脱氯修复技术是利用化学还原剂将污染物还原为难溶态，从而使污染物在土壤环境中的迁移性和生物可利用性降低。污染土壤的原位化学还原修复处理过程主要涉及注射、反应以及将试剂与反应产物抽提出来三个阶段。

4.2.3　生物修复

广义的土壤生物修复技术是指一切以利用生物为主体的土壤污染治理技术，包括利用植物、动物和微生物吸收、降解、转化土壤中的污染物，使污染物的浓度降低到可接受的水平，或将有毒有害的污染物转化为无毒无害的物质，也包括将污染物固定或稳定，以减少其向周围环境的扩散。狭义的土壤生物修复技术，是指通过酵母菌、真菌、细菌等微生物的作用清除土壤中的污染物，或是使污染物无害化的过程。土壤生物修复技术主要分为：植物修复技术、微生物修复技术和动物修复技术三大类。

1. 植物修复技术

植物修复技术是根据植物可耐受或超积累某些特定化合物的特性，利用绿色植物及其共生微生物提取、转移、吸收、分解、转化或固定土壤中的有机或无机污染物，把污染物从土壤中去除，从而达到移除、削减或稳定污染物，或降低污染物毒性等目的。植物修复去除土壤中污染物的方式主要有植物提取、植物降解、植物稳定和植物挥发等。

（1）植物提取也称为植物促进，是指植物吸收富集土壤中的重金属或有机污染物并蓄积到其体内，待到植物收获后才能进行处理的技术。

（2）植物降解是指植物本身及相关的微生物和各种酶系统将有机污染物降解为无毒的小分子中间产物，最终分解为 CO_2 和水。

（3）植物稳定是指利用植物将有毒有害污染物如重金属聚集在根系地带，降低其活动性，阻止其向深层土壤或地下水中扩散，但并不为植物利用，即对污染物起固定作用。其中包括沉淀、螯合和氧化还原等多种过程。但是，该方法并未将重金属从土壤中彻底清除，当土壤环境发生变化时仍可能重新活化恢复毒性。

（4）植物挥发是指植物将挥发性污染物吸收到体内后再将其转化为气态物质，释放到大气中。但是，挥发性污染物经植物进入大气最终沉入土壤或水体，会产生二次污染。

2. 微生物修复技术

微生物修复技术是一种利用土著微生物或人工驯化的具有特定功能的微生物，在适宜环境条件下，通过自身的代谢作用，降低有害污染物活性或降解成无害物质的修复技术。重金属污染土壤的微生物修复原理主要包括生物富集（如生物积累、生物吸着）和生物转化（如生物氧化还原、甲基化与去甲基化以及重金属的溶解和有机络合配位降解）等作用方式。有机污染土壤的微生物修复原理主要包括微生物的降解和转化，通常依靠氧化作用、还原作用、基因转移作用、水解作用等反应模式来实现。相对来说，微生物修复技术应用成本低，对土壤肥力和代谢活性的负面影响小，可以避免因污染物转移而对人类健康和环境产生影响。

3. 动物修复技术

动物修复技术是一种通过土壤动物直接的吸收、转化和分解或间接改善土壤理化性质，提高土壤肥力，促进植物和微生物的生长等作用，从而达到修复土壤目的的技术。

此外，还有其他的方式亦可对农田生态系统进行修复。例如，利用栽培或野生的绿色豆科植物和绿肥作为肥料，如紫云英、苜蓿、田菁、绿豆、蚕豆、大豆和草木樨等的固氮能力很强，非豆科植物如黑麦草、菌丹草、水花生和浮萍等都是优质的绿肥作物。种植这些绿肥可以增加和更新土壤有机质，促进微生物繁殖，改善土壤的理化性质和生物活性，防止农田生态系统的退化，或恢复已退化的农田生态系统功能。

4.3 海南省农田生态系统修复实例

4.3.1 海南省农田生态系统概况

海南地处我国最南端，属热带海洋季风气候，光温充足，光合潜力大，物种资源十分丰富，是发展热带特色高效农业的黄金宝地。独特的自然资源和良好的生态环境，决定了海南农业的多元结构和鲜明特色。相对全国而言，海南农业的优势和特色产业分为冬季瓜

菜、热带水果、热带经济作物、畜牧业、南繁制种业、农产品加工业六大类。根据2018年海南省土地变更调查数据（不含三沙市），全省共有农用地2963989.88公顷，其中耕地723020.29公顷（约1084.53万亩），占全省土地面积的20.5%。全省土壤环境质量总体良好，《2019年海南省生态环境状况公报》显示，在222个土壤监测基础点位中，174个点位低于《土壤环境质量农用地土壤污染风险管控标准（试行）》（GB15618－2018）中的风险筛选值，占总点位的78.3%；47个点位介于风险筛选值和风险管制值之间，占21.2%；1个点位高于风险管制值，占0.5%。

海南省作为国内唯一的以省为单位的经济特区，农业是海南经济发展的重要支柱，但随着工业、旅游业等的发展及城镇化水平的提高，海南省农用地的土壤状况正面临着前所未有的挑战，农田存在不同程度的污染问题。农民大量使用农药、化肥和农膜，造成的农田污染较为严重。

图3－19　海南省三亚市崖州区种植冬季瓜菜的农田

4.3.2　海南农田生态系统修复实例

实例1：海南省保亭县农田生态系统修复

2017年1月，农业部与海南省人民政府签订的《关于共同推进海南生态循环农业示范省建设合作备忘录》提出，海南将与农业部通过省部共建的方式，构建全省生态循环农业体系，建设全国生态循环农业示范省。保亭属海南中部生态核心区四个试点市县之一。近年来，海南省保亭县的农田生态系统存在土地资源有限且质量不高、畜禽养殖场污染隐患严重、废弃物利用不充分、产业链条短、化肥农药施用量过度与效率低下、农业管理和服务面临严峻挑战等问题。因此，针对保亭县农田生态系统的特点，围绕保亭生态循环农业建设目标，以“两减三增三结合”为基本思路，即减施化肥与化学农药，增施有机肥与生物菌肥，增加废弃物回收与利用，增加秸秆综合利用率，实现种养结合、水肥结合、病害防控、地力改善相结合，按照物理与生物两种循环农业技术路径，着力打造现代生态循环农业示范创建工程、无疫区建设工程、畜禽粪污资源化利用工程、农业投入品废弃包装物及废弃农膜回收处置工程、化肥农药减量增效工程、秸秆综合利用工程、沼气与沼液实施技术服务体系建设工程七大工程。

1. 现代生态循环农业示范创建工程

以规模化养殖基地为基础，大力推广种养结合，打造功能互补、能量循环、高效生态、一二三产业融合的种养模式，大幅提高农业资源利用率。重点打造1个生态循环农业示范区，建设一批种养结合的生态循环农业标准化示范基地，并创建2～3个省级生态循环农业标准化示范点。

2. 无疫区建设工程

建设畜禽养殖污染防治工程、农村生态养殖小区以及农村生态养殖小区沼气配套设施，建立病死畜禽无害化处理体系，建设规模畜禽屠宰场、动物疫病预防控制管理平台，阻断农田生物污染。

3. 畜禽粪污资源化利用工程

通过建设有机肥场、开展大型养殖场沼气项目、推广生物处理畜禽粪污染新模式，加强农田生态系统中物质和能源的循环利用。

4. 农业投入品废弃包装物及废弃农膜回收处置工程

推广应用加厚地膜与可降解地膜、建立田间废弃物回收处置试点等办法，在重点田和农业标准化种植基地建立农业生产废弃物回收示范点。由政府购买服务，支持开展农业投入品废弃物回收处置企业参与田间废弃物的回收处置、加工再利用。

5. 化肥农药减量增效工程

编制土壤环境保护方案，建设化肥减施工程、农药减量控害工程以及植物疫情监测点，保护原始农田生态系统不受破坏及污染。

6. 秸秆综合利用工程

建设秸秆肥料化利用示范基地、青贮饲料加工厂、秸秆基料化示范基地，以及加大秸秆露天焚烧监控力度，尽量做到秸秆还田、农田资源循环利用，防止农田生态系统中的营养元素流失。

7. 沼气与沼液实施技术服务体系建设工程

建设农业技术体系，完善沼气、沼液实施技术服务体系，完善县农业服务中心现有实验室设备，提供土壤样本与沼液利用检测服务，负责测土配方施肥与沼液综合利用技术指导。

实例2：海南撂荒地的生态修复

海南土地撂荒主要原因为撂荒地基础设施建设普遍滞后。比如排灌系统不完善，使一些海边的盐碱地、山坡地、西部的干旱地复耕难；部分农作物经济效益低，农村种植组织化程度低，缺少龙头企业、合作社引导，市场销路不畅，农民种植积极性不高。恢复撂荒地生产，既能促进农业发展，又能实现农民增收。

2017年年底，海南省政府办公厅出台了《海南省恢复撂荒地生产实施方案》（简称《方案》），计划通过发挥新型经营主体的带头作用、因地制宜发展特色产业等举措，自2017年起，用3年时间完成全省23.9万亩撂荒地恢复生产的任务；2017年复耕面积5万亩，2018年复耕面积10万亩，2019年复耕面积8.9万亩。主要生态修复措施如下。

2018年海南省全力推进撂荒地复耕工作，在顶层设计上，制定2018年撂荒地恢复生产工作方案，提出全省撂荒地复耕按照“宜菜则菜、宜果则果、宜牧则牧”的指导原则，利用科技提高地力、改良土壤。海南省农业科学院（以下简称“省农科院”）农业环境与土壤研究所研究员谢良商认为，海南天气高温高湿使得土地养分流失严重、酸性较强。针对土壤酸性问题，省农科院研发耐酸农作物品种、利用弱碱性的土壤调理剂进行土壤改良、利用有机肥和化肥结合的方式科学施肥。“目前我省在改良地力方面，技术上已经比较成熟，土壤地力问题基本上可以解决。”他还呼吁，农民要学会适当轮种，避免同一土地长期耕种一种农作物对土壤造成伤害。

在文昌市文教镇加美村，原本面积达250亩的撂荒地，如今发展大棚蔬菜，郁郁葱葱的叶菜长势喜人。加美村驻村第一书记黄德乐介绍，村里通过引进企业承包土地进行生产，村民不仅能收到租金，还能在基地打工领工资。今年60岁的加美村村民王奎梅说：“以前自己种田，水利灌溉不到位，望天吃饭。而且自己种几亩地，种出来也愁销路。现在给企业打工，一个月能有3000元的收入！”儋州市农委相关负责人介绍，2018年儋州市对撂荒地进行种桑养蚕产业扶持，还投入资金鼓励农民复种冬季瓜菜。2022年，儋州市将大力促进土地流转，引进龙头企业提高组织化程度，同时引导农户种植金钻凤梨、红心橙、海头地瓜等高效农作物。

针对短期内难以明显改善生产条件的撂荒地，海南省适当发展生态健康水产养殖、草食性畜牧业或种植绿肥持续改善地力，发展循环生态农业。文昌市琼北大草原花海基地，利用原本因海水倒灌导致土地盐渍化严重的撂荒地种植牧草。海南琼北大草原投资控股发展集团有限公司董事长颜平龙表示，公司以一亩350元的租金将农民的撂荒地返租，10亩荒地一年就收入3500元，两年后递增3%。

实例3：海南盐碱地的生态修复

土壤盐碱化多年来一直困扰着海南沿海地区的农民，为了尽快帮助村民恢复农业生产，2015年年初，海南省科技厅和农业厅投入2000万元，联合省内各大科研院校启动了“海南耕地改良关键技术研究与示范科技”项目，“海水倒灌农田土壤盐渍化灾后恢复生产技术研究与示范推广”是其中的重要内容。这一专项在三年内共投入6000万元，在海南选择7个片区的上万亩核心示范农田开展海水倒灌土壤修复、土壤数据监测、耕地修复改良与高效施肥等科研推广，解决海南部分地区土壤贫瘠的问题。

耐盐作物可以迅速提高海水倒灌农田植被的覆盖度，减少土壤水分蒸发，防止土壤返盐，降低土壤表层含盐量。同时，由于它们本身可以从土壤中吸收大量的盐分，通过种植耐盐植物可逐渐帮助土壤脱盐。经过努力，中国热带农业科学院生物技术研究所和海南大学农学院的科研人员们筛选出一批热带耐盐作物并在大田试种成功，主要有耐盐水稻、海蓬子、盐地碱蓬、冰菜、番杏、白子菜、新西兰菠菜等，部分品种已上市销售。

图3－20　海南省文昌市铺前镇农民在盐地中收割耐盐水稻

第五节　湖泊生态系统

湖泊是地球上重要的淡水蓄积库，地表上可利用的90%淡水资源都蓄积在湖泊中。我国湖泊众多，共有湖泊24800多个，其中面积在1 km^2以上的天然湖泊有2800多个。虽然湖泊众多，但分布不均匀，主要分布在长江中下游地区和青藏高原地区。其中，长江中下游地区的湖泊主要为淡水湖，例如鄱阳湖、洞庭湖、太湖等，而青藏高原地区则主要为内陆咸水湖，例如青海湖和纳木错湖。湖泊与人类的生产生活密切相关，具有调节河川径流、防洪灌溉、水产养殖、提供工业和生活饮用水源、观光旅游、改善区域生态环境等重要社会功能和生态功能。

5.1　湖泊生态系统概述

5.1.1　湖泊生态系统的概念和特点

湖泊是湖盆及其承纳的水体。湖盆是地表相对封闭可蓄水的天然洼池。湖水的来源主要有降水、地面径流、地下水以及冰雪融水。湖水的消耗方式主要包括蒸发、渗漏、排泄和开发利用。湖泊按其成因，可分为以下九种类型。

构造湖：是在地壳内力作用形成的构造盆地上经储水而形成的。其特点是湖形狭长、水深而清澈，如云南高原上的滇池、洱海和抚仙湖；青海湖、新疆喀纳斯湖等。

火山口湖：系火山喷火口休眠以后积水而成，其形状是圆形或椭圆形，湖岸陡峭，湖水深不可测，如长白山天池，深达373 m。

堰塞湖：由火山喷出岩浆、地震引起山崩、冰川与泥石流引起的滑坡体等壅塞河床，截断水流出口，其上部河段积水成湖，如五大连池、镜泊湖等。

喀斯特湖（岩溶湖）：由碳酸盐类地层经流水的长期溶蚀而形成岩溶洼地、岩溶漏斗或落水洞等被堵塞，经汇水而成，如贵州省威宁县的草海。

冰川湖：由冰川挖蚀形成的坑洼和冰碛物堵塞冰川槽谷积水而成，如新疆阜康天池等。

风成湖：沙漠中低于潜水面的丘间洼地，经其四周沙丘渗流汇集而成，如敦煌附近的月牙湖。

河成湖：由河流摆动、泥沙壅塞和改道而成，如鄱阳湖、洞庭湖等。

海成湖：由泥沙沉积使得部分海湾与海洋分割而成，常称作潟湖，如里海、杭州西湖、宁波的东钱湖等。

人工湖（水库）：由筑坝拦截形成的大型人工湖泊。

此外，湖泊按泄水情况可分为外流湖（吞吐湖）和内陆湖；按湖水含盐度可分为淡水湖（含盐度小于1g/L）、咸水湖（含盐度为1～35g/L）和盐湖（含盐度大于35g/L）。

湖泊生态系统是流域与水体生物群落、各种有机和无机物质之间相互作用与不断演化的产物，是由湖泊内生物群落及其生态环境共同组成的动态平衡系统。与河流生态系统相比，流动性较差，含氧量相对较低，更容易被污染。湖泊生态系统由水陆交错带与敞水区生物群落所组成。湖泊生态系统具有多种多样的功能，如调蓄、改善水质、为动物提供栖息地、调节局部气候、为人类提供饮水与食物等。

湖泊中水生生物具有不同的生态位。湖泊中水生植物一般分布在浅水区和水的上层。在岸边，常见的植物有芦苇、香蒲等，在阳光能够直射水底的浅水区，睡莲等植物的根长在水底，叶片伸展在水面上。在水体的上层，有大量的浮游植物，其中单细胞的藻类居多，这些藻类在夏季大量繁殖，能使湖水呈现绿色。湖泊中的动物分布在不同的水层。浮游动物在水体中以浮游植物为食。以浮游植物或浮游动物为食的鱼类通常栖息在水体的上层，如鲢鱼、鳙鱼等；以水草为食的鱼通常栖息在水体的中下层，如草鱼等。螺蛳、蚬等软体动物栖息在水体的底层，以这些软体动物为食的鱼通常也在水体的底层生活，如青鱼等。

5.1.2　湖泊生态系统的结构

由于光的穿透深度和植物光合作用，湖泊在垂直和水平方向上均有分层现象。水平分层可将湖泊区分为湖沼带、沿岸带和深水带。沿岸带和深水带都有垂直分布的底栖带。

1. 湖沼带

湖沼带的主要生物是浮游动物和浮游植物。在春季和秋季的湖水对流期，浮游生物常随水下沉，而湖底分解所释放出的营养物则被带到营养物极度缺乏的水面。春季当湖水变暖、开始分层时，营养和阳光不再缺失，浮游植物因此会达到生长旺盛期，此后随着营养物的耗尽，浮游生物种群数量会急剧下降，在浅水湖区最为明显。湖沼带的自游生物主要是鱼类，其分布主要受食物、氧含量和水温等影响。

2. 沿岸带

在湖泊边缘的浅水处主要分布挺水植物，其数量及分布依水深和水位波动而不尽相同。浅水处有苔草和灯芯草，稍深处有芦苇和香蒲等，还有慈姑和海寿属植物也与其一起生长。再向内就形成了一个浮叶根生植物带，主要植物有百合和眼子菜。随水深进一步增加，浮叶根生植物无法继续生长，就会出现沉水植物。常见种类是轮藻和某些种类的眼子菜，这些植物缺乏角质膜，叶多裂呈丝状，可直接从水中吸收气体和营养物。

3. 深水带

深水带中的生物种类和数量不仅受湖沼带的营养物和能量供应的影响，而且也取决于氧气供应。在生产力较高的水域，氧气含量可能成为一种限制因素，这是因为分解者耗氧量较多，因而好氧生物难以生存。深水湖深水带在体积上所占的比例要大得多，因此湖沼带的生产量相对较低，其中的分解活动也难以把氧气完全耗尽。一般来说，只有在春秋两季的湖水对流期，湖水上层的生物才会进入深水带，提高深水带的生物多样性。

4. 底栖带

深水带下面的湖底氧气含量非常少，而湖底软泥具有很强的生物活性。由于湖底沉积物中氧气含量极低，因此厌氧细菌是生活在底栖带的优势生物。但是在无氧条件下，很难将物质分解到最终的无机物，当沉到湖底的有机物数量超过底栖生物所能利用的数量时，它们就会转化为富含甲烷和硫化氢的有臭味腐泥。因此，只要沿岸带和湖沼带的生产力很高，深水湖湖底的生物区系就会比较贫乏。而具有深层滞水带的湖泊底栖生物往往较为丰富，因为这里不太缺氧。此外，随着湖水变浅，水中透光性、含氧量和食物含量都会增加，底栖生物种类也会随之增加。

5.1.3 湖泊生态系统的功能

湖泊生态系统包含丰富的水资源和生物资源，生态系统中的各种资源间存在有机联系，由此而衍生出湖泊的多种功能。湖泊生态系统的主要功能有资源功能、净化功能、防洪排涝功能、维持生物多样性功能等。

1. 资源功能

其主要分为水资源功能和生物资源功能。湖泊不仅提供了工业生产和农业灌溉所需的水资源，也是人类生活饮用水的水源地。同时，湖泊中生长的丰富的鱼类、虾类和蟹类等生物资源，为人类生存提供了大量的水产品资源。据报道，太湖 2007 年总捕捞量为 3.2×10^7 kg，总产值达 6.58 亿元。

2. 净化功能

湖泊生态系统中丰富的动植物和微生物，对进入湖泊水体中的污染物有较好的净化作用。湖泊水生植物能够不同程度地清除受污水体中的氮、磷及重金属；而湖泊湿地的干湿交替变化可以增加土壤对磷的滞留作用。此外，微生物对湖泊湿地水质净化功能的影响也非常明显。大量研究表明，湖泊湿地土壤中有数量极多的好氧、厌氧及兼性的微生物。好氧微生物可将有机物分解为可被植物吸收的 NO_3^-、PO_4^{3-}、SO_4^{2-} 等离子，而一些厌氧微生物可将有机物分解为 CO_2、CH_4、H_2S、NH_3 等可挥发的气体。

3. 防洪排涝功能

一般湖泊都具有防洪、滞洪、蓄水、抗旱等功能。湖泊的储水和蓄水功能，能确保该地区出现干旱或洪水时，通过湖泊的调度，维护该地区正常的生产、生活功能。平原湖区防洪排涝系统一般由湖泊、分蓄洪区、沟渠、排水闸及泵站等众多工程组成联合运用的整体系统。整个系统中工程众多，功能也有所不同，彼此间相互联系、相互制约。湖泊在防洪排涝中起到骨干和关键作用。湖泊的分布和运行状况对整体防洪排涝系统影响很大，因为它调节了干渠入流的时程分布，调蓄而改变了入湖洪水过程，因而使干渠水位降低，减小了洪峰流量，峰现时间推迟；而干渠水位又直接影响到排水闸及泵站的运行状况和两岸

农田的防洪排涝条件，对整体防洪排涝系统调度影响较大。

4. 维持生物多样性功能

湖泊生态系统包含三个植物带，分别为：挺水植物带，如香蒲、慈姑、芦苇和莲等；浮叶植物带，主要有菱、荇菜和睡莲等；沉水植物带，主要种类为眼子菜科植物。此外，湖面往往还有大量漂浮植物分布，其茎叶或叶状体漂浮于水面，根系悬垂于水中漂浮不定，如浮萍、满江红、水浮莲等。沿岸带浮游植物由很多藻类组成，主要包括硅藻、绿藻和蓝藻。大部分藻类都为浮游型，部分丝状藻类和着生藻类则依附于有根植物。

5.1.4　人类活动对湖泊生态系统的影响

伴随着经济的发展和科技的进步，人类对湖泊资源的利用强度也越来越大。人类对湖泊资源的利用，一方面创造了巨大的财富；另一方面，围垦填湖、排放污水、过度开发、工程建筑等活动也改变了湖泊生态系统的结构，严重影响了湖泊生态系统服务功能的维持。

1. 湖泊富营养化

水体富营养化是指氮、磷等营养物质大量进入水体，浮游植物成为优势种属而导致水生生态系统的结构被破坏以及功能异常化的过程。湖泊富营养化会导致水体透明度下降、溶解氧降低、水质恶化、鱼类和其他生物大量死亡。而造成湖泊水库富营养化的一个重要原因就是人类活动。生活污水和农业废水的无组织排放，工业污水处理不完全，直接排入环境中均会造成湖泊水体的富营养化。据调查，中国湖泊普遍受到氮、磷等营养物质的污染，1996 年全国有 80% 的湖泊总氮、总磷超标，16 个被调查的湖泊有 8 个耗氧有机物超标，且情况仍在恶化，湖泊富营养化治理已成为当务之急。

2. 湖泊酸化

20 世纪 50 年代以来，全球出现大范围的大气酸性降雨，许多工业国家受到酸雨的严重危害。化石燃料燃烧产生的 SO_2、NO_x 经过一系列作用，通过干湿沉降进入水体而导致水体酸化。矿山废物中的黄铁矿及其他含硫矿物暴露于空气和水中，在铁细菌和硫细菌的催化作用下发生氧化反应产生酸。当湖泊水体的 pH 小于 5. 6 时，水体与空气中 CO_2 平衡，水体呈酸化状态。鱼类生长的最适宜 pH 范围为 5 ～ 9，当 pH 在 5 ～ 5. 5 时，鱼类生长受阻，产量下降；当 pH 在 5 以下时，鱼类生殖功能失调，繁殖停止。酸雨将直接导致许多鱼类在湖泊中消失。同时，在酸性条件下沉积物和土壤中有毒重金属元素被活化，直接造成湖泊水体重金属浓度升高，影响湖泊中生物的活性。

3. 水量调节功能减弱

人类围湖造田、工程建设等活动占据了湖泊，使湖泊面积减小，改变了湖泊原始的物理结构，也减小了湖泊的容积，相应影响到湖泊生态系统的水量调节功能。湖泊水质的下降和水量的减少使得水体自净能力下降，降低了湖泊生态系统水质调节的功能。湖岸陆地植被面积的减少、湖泊水面面积的减少，使得湖泊原本的气候调节功能也下降。湖泊水文特征的改变、水质状况的下降和物理结构的改变，使得湖泊生物的承载能力下降，从而使湖泊生态系统的生态调节功能大大降低。

4. 过度放养

随着人工繁殖技术的提高，以养殖为主的高强度渔业方式（如网箱养殖）得到了迅速的发展。人工养殖可大幅度提高渔业产量，也减轻了由于过度捕捞造成的对某些鱼类自然种群的压力。但过度追求高产而造成的人工放养密度过大，引发了大型植物特别是沉水植物群落衰退、水质恶化等问题。沉水植物的生态功能是吸收大量的营养物质，抑制浮游藻类大量繁殖和生长，保持水质清澈，被称为“水草净化功能”。沉水植物生物量的下降，常使浮游藻类的繁殖加快，从而降低了湖水的透明度，而这又将进一步减少沉水植物的生存范围。

5. 外来物种入侵

湖泊生态系统中的外来物种会引起其生物群落结构的重大变化。例如，原产于南美洲的凤眼莲（又称水葫芦），最初作为畜禽饲料被引入中国，并被作为观赏和净化水质植物进行推广种植，但由于条件适宜且缺乏有力的竞争者，凤眼莲迅速生长和蔓延，对很多本地水生生物构成了严重的威胁，有的甚至被逼到灭绝的边缘。

图 3－21　滇池水葫芦泛滥成灾（刘筱庆 摄）

此外，有机有毒物质进入湖泊也是引起湖泊生态系统的问题之一。目前报道的常见污染物主要有以下几类：一是农药及农业废弃物，例如有机氯农药、有机磷农药、有机硫农药和含汞或含砷的农药等；二是工业污染源，包括工业生产的“三废”（即工业污染源产生的废水、废气、固体废弃物）排放及生产过程的有机物泄露；三是生活用煤和燃气的燃烧，会产生多种脂肪烃、芳香烃和杂环化合物等；四是生活污水和生活垃圾的填埋。

5.2　湖泊生态系统的修复技术

湖泊是重要的地表水资源，与人类的生活、生产密切相关。近几十年来，随着社会和经济的发展，人类对湖泊进行无限制的索取，导致湖泊生态系统遭到的破坏越来越严重，出现一系列生态环境问题，主要包括湖泊萎缩退化、水体污染及富营养化、湖泊生态功能退化等。

5.2.1　湖泊生态系统存在的主要环境问题

1. 湖泊萎缩退化形势严峻

同20世纪50年代相比，我国湖泊总面积约减少了14767 km^2，占湖泊总面积的14%，其中淡水湖泊萎缩面积占萎缩总面积的82%，咸水湖和盐湖萎缩面积分别占12%和6%。据统计，干涸湖泊有417个，面积达5280 km^2，占湖泊减少总面积的36%。在西北诸河和长江区，面积大于10 km^2的湖泊中，有229个湖泊正在萎缩，减少面积约有13776 km^2，其干涸面积占总湖泊干涸面积的93%，而素有“千湖之省”的湖北省，20世纪50年代有1066个湖泊，如今只剩下309个。全国因湖泊面积萎缩问题减少储水量约517亿 m^3，占20世纪50年代这些湖泊储水量的21%。

2. 湖泊富营养化严重

2016年，国家相关部门对全国324座大型水库、516座中型水库及103座小型水库，共943座水库进行了水质评价。全年总体水质为Ⅰ～Ⅲ类的水库有825座，Ⅳ～Ⅴ类水库88座，劣Ⅴ类水库30座，分别占评价水库总数的87.5%、9.3%和3.2%。主要污染指标是总磷、高锰酸盐指数、氨氮等。其中，大型水库Ⅰ～Ⅲ类及劣Ⅴ类的比例分别是87.9%和2.5%。水库营养状况评价结果显示，中营养水库占71.2%，富营养水库占28.8%。在富营养水库中，轻度富营养水库占86.3%，中度富营养水库占12.9%，重度富营养水库占0.8%。

3. 湖泊生物多样性下降

近几十年来，我国湖泊鱼种类持续减少，数量大幅降低，浮游植物（如藻类等）大量繁殖、集聚，导致高等水生植物与底栖生物分布范围减小，使湖泊生态系统不断退化，生物多样性降低，酿成重大自然灾害。以我国东部平原湖区为例，由于人类过度围网和围堤养殖活动，导致湖泊水质下降及生态紊乱。据报道，1990年围网养殖仅占湖域面积的9.5%左右，而到2003年养殖面积已占湖域面积的81.2%。一些小型湖泊，例如湖北省的长湖，已几乎全被围网割裂。湖泊的过度养殖，不仅对湖泊水质产生了影响，也严重影响了湖泊中的水生生物，造成大量水生植物的消失。同时，由于捕鱼和单一的规模化养殖，湖泊中鱼类数量和种类也明显减少。洞庭湖为我国第二大淡水湖，1950年统计拥有经济鱼类100多种，产量约为4×10^4 t，而1990年统计能捕到的鱼的种类仅为70种，捕捞量不足1.3×10^4 t。

5.2.2　湖泊生态系统的修复技术

与河流生态系统不同，湖泊生态系统的封闭性更强，自我恢复能力弱。因此，对湖泊生态系统的修复要比河流的修复更为复杂。近年来，随着国家对生态环境越来越重视，对湖泊生态系统的修复研究也越来越多，科学家们采用各种方法对湖泊生态系统进行修复，其修复技术根据其作用机理大致可以分为物理修复、化学修复及生态修复。

1. 物理修复技术

底泥疏浚：底泥疏浚是采用水力或机械方法挖掘水下底泥表层由部分藻类、浮游动植物以及水土界面在特定生化环境条件下形成的半悬浮状的类胶体物质，其中的富营养物质也随之被转移出水体从而达到改善水质的效果。

人工曝气技术：河流湖泊受到污染后存在缺氧的情况，从而导致水中鱼虾、植物等生物死亡，厌氧微生物大量繁殖，使水质发黑、发臭。曝气技术就是基于此，通过曝气机向水中人工充入空气，增加水中溶解氧量，恢复水中好氧生物的活力，净化水中污染物，达到净化水体的效果。

原位覆盖、掩蔽或封闭技术：其技术核心是在污染沉积物上放置一层或多层覆盖物，使污染沉积物与水体隔离，阻止或减缓沉积污染物向水体迁移。早期主要通过特殊材料的物理阻隔作用来实现对沉积物中污染物释放的控制，近年来的研究开始转向物理阻隔与原位处理技术相结合的活性覆盖技术。当沉积物中的污染物质向上迁移穿过帽封层时，材料可通过吸附、包封、化学束缚及降解等作用阻止或减缓污染物进入水体。

2. 化学修复技术

原位化学技术：是指向受污染沉积物中投加化学药剂、微生物制剂或酶制剂等，以启动或强化微生物对污染物质的生化降解和净化作用。

原位氧化处理技术：是指向受污染的沉积物中投加化学氧化剂以减少污染物的生物毒性及其迁移性。该技术费用相对较低，并且对污染物的去除效果快。但投加的化学试剂也可能对环境造成新的污染。

原位还原技术：是指向沉积物中投加还原剂以改变沉积物的氧化还原电位状态，降低沉积物中高价重金属的价态，并为微生物营造还原性环境以促进其对某些有机污染物的生物降解。

原位固定化（稳定化）处理技术：是指向受污染沉积物中投加化学药剂，以包裹沉积物中的污染物质或降低污染物质的迁移性或毒性。稳定化技术曾经主要用于污染沉积物的异位（疏浚）后的无害化处理，近年来开始出现在污染沉积物的原位处理的相关研究中。

3. 生态修复技术

生物修复技术是通过生物的作用，人为地创造出一种有利于动物、植物和微生物生存的水环境，使湖泊最大程度地恢复其固有的自净能力，将污染物就地降解成 CO_2、水或转化成无害物质，主要包括植物修复和微生物修复技术。

植物修复技术：植物修复在环境污染治理领域的应用较为广泛，其原理主要利用植物本身或其根系区微生物对污染物降解、吸收、代谢以削减环境中污染物的含量及毒性。植物对沉积物中有机污染物的去除主要有以下三种途径：植物直接吸收有机污染物；植物根系释放分泌物和酶；植物和根系区微生物的联合作用。人工湿地是由人工建造和控制运行的与沼泽地类似的地面，将污水、污泥有控制地添加到经人工建造的湿地上，污水与污泥在沿一定方向流动的过程中，利用土壤、人工介质、植物、微生物的物理、化学、生物三重协同作用，对污水、污泥进行处理的一种技术。

微生物修复技术：在水体营养盐的循环过程中，表层沉积物中的微生物起着重要的作用。氮循环细菌在进行硝化和反硝化的同时，可以产生气态的中间价态的产物（N_2O、NO、NO_2），降低水体中的氮含量。常用的微生物修复技术主要包括两类：一类是投加人工合成的菌剂或功能菌群来修复沉积物的污染；另一类是向污染的沉积物中投加其生化反应的电子受体、必要的营养物等，以减少污染物的生物毒性并促进其土著微生物对污染物的降解。典型的投加物有硝酸盐、硫酸盐、微生物促生剂等。

5.2.3　湖泊生态修复的政策性措施

1. 对湖泊周边环境进行生态修复

主要内容包括封山禁伐、减少人为活动，依靠大自然的自我修复能力恢复植被；同时对生态环境比较脆弱、人类活动影响较大的区域内的居民，逐步进行生态移民。改变当地居民“靠山吃山”的状况，建立完善的“生态补偿”机制，通过市场经济手段，调整上下游的利益关系，使当地居民在为环境保护做出贡献的同时，也能够得到经济上的补偿，从而妥善地解决他们的生活来源问题。

2. 对湖泊周边农田及村庄聚落进行生态治理

发展节水产业，减少水的用量，增加湖库蓄水；以综合治理为重点，将农村污水、垃圾集中处理，达标排放；调整农业种植结构，减少化肥农药的施用量；采用多种方式进行宣传教育，提高居民的环保意识。

3. 对湖泊水域及沿岸地区进行生态保护

定时清理湖区，保持湖泊水面清洁；引导渔民以适度和适当的方式捕鱼，对濒临灭绝的珍贵野生鱼种加大保护力度；限制湖泊船只数量，控制旅游的规模；保育植被，恢复湿地，生态治污，改善水质；保护库区周边生态环境、减少人为扰动，恢复景观生态。

5.3　海南省湖泊生态系统修复实例

海南省共有水库1105座，水库库容量约111.38亿 m^3，堤防长度486 km。其中，水库库容1亿 m^3 以上的大型水库10座，库容1000万至1亿 m^3 的中型水库76座，库容10万至1000万 m^3 的小型水库1019座（数据来自全国第一次水利普查）。根据2019年海南省统计年鉴，目前库容超过1亿 m^3 的水库共有7座，其基本情况如表3－1所示。

表3－1　海南大型水库概况

库名	集水面积（km^2）	库容		设计灌溉面积（万公顷）
		总库容（亿 m^3）	正常库容（亿 m^3）	
大广坝	3498	17.10	14.93	6.74
松涛	1496	33.45	25.95	13.67
万宁	429	1.52	0.76	0.81
长茅	256	1.42	1.11	1.06
石碌	354	1.21	0.99	1.00
牛路岭	1236	7.79	5.30	—
大隆	749	4.68	3.93	0.67

（数据来源：《海南统计年鉴》，2020年）

5.3.1 海南省主要水库

1. 松涛水库

松涛水库为海南第一大水库，位于海南省儋州市东南部 20 km 处，跨儋州、白沙两市县，是享有盛誉的“宝岛明珠”。水库位于南渡江上游，始建于 1958 年，耗时十多年建成，是一个以灌溉为主，结合发电、防洪，满足工业和居民生活用水等综合利用的大型水利工程。水库坝高 80 多米，长 730 m，将奔腾的南渡江水截在南洋和番加洋河谷里。库区集水面积 1496 km^2，总库容 33.45 亿 m^3，水库中有 300 多个岛。水库生态保护状况良好，美丽风光尽收眼底。

图 3－22　俯瞰松涛水库风光

松涛水库周边土壤以砖红壤为主。基本为国有封山育林区和公益林区地区，植被类型以次生林为主，其他植被类型主要为小叶桉林等。库区周边分布的村庄生产用地以橡胶林为主，占库区生产用地总面积的 85.02%，其次为旱地，占 10.73%，水田与果园面积相对较少，分别占 3.96% 和 0.29%。湖泊周边均位于海南岛的西部丘陵地带，在动物区系上属于海南岛亚区中部山地省成分，因此动物的种类和分布具有明显的丘陵山地特征。2008 年，从松涛水库定性、定量水样中共鉴定出浮游植物 7 门，65 种（属）。松涛水库番加洋浮游植物群落结构属于蓝藻—绿藻型，其中绿藻门 43 种（属），占 66.15%；硅藻门 10 种（属），占 15.38%；蓝藻门 8 种（属），占 12.31%；其他门（甲、金、隐、裸藻门）各 1 种，占 6.15%。

2. 大广坝水库

大广坝水库位于海南省西部，昌化江中游，是海南第二大水库。库区集水面积 3498 km^2，库容 17.1 亿 m^3，设计灌溉面积 2.4 万公顷，和下游的大广坝二期工程可共同灌溉约 6.7 万公顷。大广坝水库始建于 1992 年，1994 年年底完工，也是海南省大型水利枢纽工程，坝长近 6 km，高程 144 m，装机容量 24 万千瓦，是亚洲第一大土坝。库区风景秀丽，湖光山色，碧波万顷。

图3－23　大广坝水库风光

库区及库区周围的土壤类型包括山地黄壤、砖红壤、山地赤红壤、潮砂土、燥红土等，其中砖红壤分布最为广泛。库区及库区周围植物区系属马来西亚植物区，主要植被类型有季雨林、常绿阔叶林、雨林、灌丛。库区及库区周围植物种类丰富，并具有典型的热带特点。库区周围的木材包括子京、坡垒、母生、花梨和荔枝等。

3. 牛路岭水库

牛路岭水库又名万泉湖，位于万泉河上游，海南省琼海市西南与琼中及万宁三县交界处，因库区有山名牛路岭而得名。库区集水面积1236 km^2，库容7.78亿 m^3，其效益以发电为主，同时具有防洪作用，是海南省重要的调峰蓄能电站。这里原始热带雨林茂密、鸟语花香、青山碧水、空气清新、气候宜人，是一座天然氧吧。

图3－24　牛路岭水库风光

5.3.2　海南水库生态修复实例

松涛水库，又名松涛湖，是海南省最大的淡水湖泊，同时是具备饮用水源地、灌溉、防洪、供水发电、通航、造林、旅游等多功能的综合水体。独树一帜的松涛湖因拥有“碧湖多岛”的特色，与浙江千岛湖类似，素有“北千岛，南松涛”“松涛天湖”之美称。松涛水库是海南省最大的饮用水源，担负着全省25%人口的饮用水集中供水任务。流域绝大部分位于海南中部山区国家级生态功能保护区，物种资源丰富，生态服务功能多，生态价值大。

松涛水库（湖）面临的生态问题有：

1. 水源涵养能力持续下降

据统计，1998—2009年，松涛水库流域天然林面积减少了1245公顷，人工林面积增加了29824公顷。其中，热带水果园地面积增加量最大，为26264公顷，其次是浆纸林和橡胶林，分别增长了5014公顷和3929公顷。天然林面积的减少直接导致水源涵养能力下降。据统计，目前松涛流域内林地面积有126887公顷，其中，人工林面积达60090公顷，占林地面积的47%。在人工林中，热带水果园地和橡胶林占的比重较大，分别为46%和33%。

2. 水土流失加大

流域内部分灌草地、林地被人工林和果园所替代，生态系统结构单一，植被层次单调，流域保土保水生态服务功能下降；加上松涛水库流域皆为山地，坡度较陡，大部分坡面立地条件较差，导致流域部分区域水土流失较为严重。

3. 湿地面积减少

由于水库周边村庄、农场人口不断增加，大面积的滥砍滥伐，毁林开荒，引水灌溉，导致流域水资源使用量大大增加，流域水源涵养能力不断降低。近十多年来，流域湖库面积约减少了10%。水库来水量也由2000年的20.6亿m^3持续降到近来的7亿m^3。

4. 外来物种入侵

库区还存在金钟藤、飞机草等外来入侵植物，特别是金钟藤。据调查，松涛水库儋州库区遭金钟藤侵害的面积达747公顷，其中重度危害达124公顷，中度危害达623公顷。在金钟藤大面积分布的区域，其他林木的生存空间受到排挤，生态系统结构单一、地表裸露、加剧了水土流失，生态环境明显遭到破坏。

松涛水库生态修复采取的主要措施有：

（1）水库及周边市县环境监测能力建设。

“十一五”以来，海南省不断加大松涛水库（湖）周边市县环境监测站能力建设投入，儋州市和白沙县环境监测能力得到有力提升。基本仪器设备配置水平达到《全国环境监测站建设标准》三级站标准化建设要求，具备《地表水环境质量标准》（GB3838－2002）中常规项目、重金属和有机物项目分析能力，满足了开展地表水、环境空气、海水等常规监测及环境应急监测等各项工作需要。

（2）地方生态环境法律法规的制定和实施。.

2007年7月，海南省人民政府下发了《海南省人民政府关于划定松涛水库饮用水水源保护区的通知》（琼府〔2007〕92号）的文件，明确要求省国土环境资源管理部门会同省水务管理部门和有关市县政府依法切实做好松涛水库饮用水水源保护区内现有污染源的治理工作，防止农业面源污染，要消除一切影响水质安全的隐患，确保水源保护区水质达标。同年10月，海南省人大常委会颁布了《海南省松涛水库生态环境保护规定》，进一步明确了水库保护区范围和保护措施，实行退耕还林和封山育林，对保护松涛生态环境起到

积极而深远的影响。

（3）开展流域内镇墟及农村环境综合整治。

为了减少流域生活污染，海南省还积极开展农村生活污染治理工作。以实施生态家园富民计划为切入点，积极推广农村户沼气池；注重与改圈、改厕、改厨有机结合，注重与高效生态农业联动发展，着力形成“养殖—沼气—种植”生态农业形式。通过对流域内部分农村进行环境综合整治，有效减少了湖库周边农村生活污染。

第六节　草地生态系统

草地生态系统是自然生态系统的重要组成部分，对维系生态平衡、地区经济、人文历史具有重要的价值。我国拥有天然草地面积近4亿公顷，占世界草地面积的13%，是世界第二草地大国，分布区域广泛，其中以西藏自治区草地面积最大。草地蕴涵了丰富多样的物种资源，是地球上生物多样性的主要承载体之一，同时，多样的物种也为草地生态系统提供了多样的生态服务功能。

6.1　草地生态系统概述

草地生态系统是指在中纬度地带大陆性半湿润和半干旱气候条件下，由多年生耐旱、耐低温、以禾草占优势的植物群落的总称，是以多年生草本植物为主要生产者的陆地生态系统。草地生态系统主要分布在干旱地区，动植物种类较少，在不同的季节或年份，降雨量很不均匀，种群密度和群落的结构也常常发生剧烈变化。

6.1.1　草地生态系统的组成

草地生态系统同其他生态系统一样，草地生态系统也是由生产者、消费者、分解者和非生物环境所组成，前三者为生物成分，后者为非生物成分。生物成分包括植物、动物和微生物；非生物成分包括土壤、水、无机盐类和二氧化碳等。草地生态系统是系统中生物与生物之间、生物与环境之间相互作用、相互制约，长期协调进化形成的相对稳定、持续共生的有机整体。

1. 生产者

草地生态系统中生产者的主体是禾本科、豆科和菊科等草本植物，其中优势植物以禾本科为主，如针茅属具有“草原之王”之称。禾本科植物的叶片能够充分利用太阳能，能忍受环境的巨烈变化，对营养物质的要求不高，还具有耐割、耐旱、耐放牧等特点。这些草本植物是草地生态系统中其他生物的食物来源，也是草地生态系统进行物质循环和能量交换的物质基础。

2. 消费者

消费者是草地生态系统中的异养生物，直接或间接以生产者生产的有机物质为营养来源。消费者按其在营养级中的地位和获得营养的方式不同可分为：①草食动物，是直接采食草类植物来获得营养和能量的动物，如一些草食性昆虫（蝗虫、草地毛虫等）、啮齿类动物（黑线仓鼠、达乌尔鼠、莫氏田鼠、五趾跳鼠等）和大型食草哺乳动物（野兔、长颈鹿、黄牛、牦牛、绵羊、山羊、野马、野驴、骆驼、斑马等）；②肉食动物，是以捕食草食动物来获得营养和能量的动物，以捕食为生的猫头鹰、狐狸、鼬、蛙类、狼、獾等占优势。

3. 分解者

分解者也是异养生物，其作用是把动植物残体的复杂有机物分解为简单无机化合物供给生产者重新利用，并释放出能量。草地生态系统中的分解者是一些细菌、真菌、放线菌和土壤小型无脊椎动物如蚯蚓、线虫等。它们在草地生态系统的物质循环中起着非常重要的作用，没有它们，物质循环将停止，生态系统将毁灭。

4. 非生物环境

非生物环境是指无机环境，是草地生态系统的生命支持系统包括：草地土壤、岩石、砂、砾和水等，构成植物生长和动物活动的空间；参加物质循环的无机物（如碳、氮、二氧化碳、氧、钙、磷、钾）；连接生物和非生物成分的有机质（如蛋白质、糖类、脂肪和腐殖质等）；气候或温度、气压等物理条件。

6.1.2　草地生态系统的结构

根据生物群落的结构我们可以将草地生态系统的结构分为垂直结构、水平结构和时间结构。

1. 垂直结构

草地生态系统的垂直结构是指草地群落中不同物种个体在垂直空间上的分化与配置方式，主要是指群落的分层现象，也称为群落的成层性。例如，松嫩平原上比较复杂的羊草和杂类草草甸，其地上部分可分为三个亚层：第一层高 50 ～ 60 cm，主要由羊草、野古草、牛鞭草、拂子茅等中生根茎禾草组成；第二层高 25 ～ 35 cm，主要由水苏、通泉草、旋覆花等中生杂类草组成；第三层高 5 ～ 15 cm，主要由蔓委陵菜、寸草苔和糙隐子草等组成。群落的垂直结构不仅表现在地上部分，地下的根系也体现出明显的分层。不同种类的根系可分布在不同的土层深度，在干旱的荒漠草原或沙地草地群落中，某些植物的根系可达数米深。但是，最大根量仍主要分布在土壤的表层，这与土壤养分主要分布在土壤表层有关。

2. 水平结构

草地生态系统的水平结构是指草地群落在水平空间的分化现象。草地生态系统由于环境条件的不均匀性，如小地形或微地形的起伏变化、土壤湿度、盐碱度、人为影响、动物影响（如挖穴）以及其他植物的积聚性影响（如草原上的灌木）等，草地植物群落往往在水平空间上表现出斑块相间的镶嵌性分布现象，即群落的镶嵌性。每一个斑块是一个小群落，它们彼此组合形成群落的镶嵌性水平结构，这些小群落内部具有较好的养分和温湿条件，形成一种优于周围环境的局部小生境。因此，小群落内的植物往往返青早、生长发育好，植物种类也较周围环境更丰富。

3. 时间结构

不同生物生命活动在时间上的差异导致了不同时间群落结构的配置差异，形成了群落的时间结构。例如在温带草原群落中，由于温带气候四季分明，其外貌形态变化也十分明显：早春时期，植物开始发芽、生长，草原出现春季返青景象；盛夏季节，植物繁茂生

长，百花盛开，色彩丰富；秋末冬初，植物地上部分开始干枯休眠，呈红黄相间的景观；冬季则是一片枯黄或是被白雪覆盖。

6.1.3　草地生态系统的服务功能

草地生态系统的服务功能包括支撑人类生存环境、调节大气条件、维持生命系统、提供休闲旅游、文化传承等。草地生态系统可以为畜牧业发展提供优良牧草，具有防风、固沙、保土、涵养水源、调节气候等功能；草地是重要的生物多样性和珍稀动植物物种保护基地，也是重要的药材生产基地；草地生态系统作为重要的天然绿色屏障，具有净化空气、美化环境的作用；草地还具有重要的人文历史价值。总体来说，草地生态系统的服务功能可以分为生态功能、生产功能和生活功能。

1. 生态功能

草地的生态功能指其生境、生物学性质或生态系统过程，主要发生在草丛—地境界面，为生命系统提供自然环境条件，具有生命支持功能和环境调节功能，是维持社会与经济发展的基础，主要包括水源涵养、土壤形成、侵蚀控制、废物处理、滞留沙尘和维持生物多样性等功能。例如，草地生态系统中的植物、动物和微生物通过食物网的各种错综复杂的关系联系在一起，可以维持草地生态系统多样性的功能。草地生态系统的多种功能是草地生态系统所固有的、难以商品化的功能，反映了草地的社会属性，具有公益性，其表现为间接经济价值。

2. 生产功能

草地的生产功能是为生命系统生产各种消费资源，是对草地生态系统生产属性的具体反映，主要在草地—动物界面完成，包括养分循环与贮存、固碳释氧等。这些功能是可以进行商品化的功能，其表现为直接经济价值。例如，作为草地生态系统生产者的各种草本植物，不但可以为生态系统中的动物提供食物和养分，也可以通过光合作用将大气中的CO_2固定在体内，对温室效应的消减做出一定的贡献。

3. 生活功能

草地除了具有生态安全屏障和畜牧业生产功能外，还承载着特定环境条件下的生存和生产方式，是人—草—畜—生态有机结合的载体。主要表现在草畜经营管理界面，包括畜牧生产、文化传承和休闲旅游等功能。这些功能有些可以商品化，表现为直接经济价值，有些不能量化，表现为间接经济价值。例如我国北方的温带草原，到了夏季和秋季，除了提供草地生态系统的生态和生产功能外，草原的壮美景观可供各地游客游览。

图3-25　内蒙古草原夏季风景

6.1.4 人类活动对草地生态系统的影响

随着人口不断增长和经济快速发展，人类对草地生态系统的盲目滥垦、过度放牧等直接或间接的干扰活动越来越大，从而对草地生态系统的结构和功能造成了严重的影响。草地生态系统的破坏严重制约了我国草原畜牧业的发展，同时也阻碍了社会经济的发展。草地退化、生活环境恶化的主要原因可以归结为人类的过度放牧、盲目滥垦和过度“索取”等。

1. 过度放牧

在我国，畜牧业的生产是通过对家畜总数的总增长率或存栏头数的净增长率为增长指标的，并没有对畜牧产品的数量和质量做出明确要求。所以，现阶段的家畜数量越来越多，而家畜所需要的草地资源越来越少，草地的生长速度也在不断下降，随着存栏时间的不断增长，载畜量也不断上升，打破了原有的畜草平衡。这种超载放牧导致的草地退化是一个逐渐转变的过程。过度放牧必然影响牧草的再生能力，牧草再生能力降低必然导致草地产草量和植被覆盖度降低，较小的植被覆盖度必然加剧水土流失，这是一个连锁性的恶性循环，在长期的恶性循环之下，草原逐步变得贫瘠、退化严重者甚至达到了沙化。

图3－26 过度放牧，羊多草少

2. 盲目滥垦

随着人类社会的发展，农业对农田耕种面积的需求量逐渐提高，不断开垦草地成为扩充农田耕种面积的主要方式。但是，草地多数是处于气候条件严峻、生态平衡相对脆弱的干旱地区或寒冷地区，对草地的盲目开垦以及开垦后的管理不当，并没能有效增加粮食产量，还使草地生态环境遭到了严重破坏，有些土地在开垦过后并不能耕种，不仅浪费了大量的人力和物力资源，还严重破坏了草地上的植被。

3. 过度“索取”

草地生态环境的破坏包含许多因素，但自然因素的比例不足十分之一。主要因素是人口的增长以及经济活动的增加，给草地生态系统造成了巨大压力，对草地资源的掠夺性开采给草地带来了巨大影响。草地生态系统是一个“开放式”的物质循环系统，要维持其平

衡状态，必须人为地弥补草地生态系统因取得畜产品而造成的物质“亏损”。但是，目前由于人们往往只知从草地中“索取”畜产品，采取掠夺式的经营，而忽视必要的投入，使该系统的物质入不敷出，生态循环平衡遭到破坏。

6.2　草地生态系统的修复与治理措施

目前我国草地生态环境的质量还不理想，草地植被易受到各种原因的影响，导致大部分的草地都出现不同程度的退化，生态系统功能下降。因此，需要及时采取有效的措施对草地生态进行修复，这样才能更好地提高草地生态环境与质量。

1. 技术措施

草地生态修复首先应该对草地的退化情况、地区气候、土壤条件、原生物种等各个方面进行全面深入的调查，从改善土壤、促进植被恢复入手。对于土壤改良，可采用浅根翻、振动深松、切根等技术措施，甚至可引入昆虫、微生物（如蚯蚓、菌群）等来促进土壤改良；同时，地上部分则可采用封育、补播、施肥、清除毒害植物、防治鼠害等措施。其中，采用围栏封育，可防止牲畜啃食和踩踏，充分发挥大自然的自我修复能力，让草地生态系统能够逐渐恢复。这种低成本的修复技术已经广泛地运用于草地生态修复工作中。为进一步促进草地牧草的恢复，可补播草种。播种方式有人工播种、机械播种和飞机播种三种方式。目前，飞播种草在治理沙化退化草场方面发挥着举足轻重的作用。

2. 政策措施

草地生态系统具有自我修复的功能，禁牧、修牧、轮牧等政策性的管理措施为草原生态提供了休养生息的机会。草原禁牧能够对恢复草原植被、遏制草原退化起到积极作用。同时，草原禁牧之后，为了保证草畜平衡，使农牧民能够适应饲养方式的改变，一系列的配套制度（以奖代补、资金补贴等）随之跟进，为草原生态修复工作提供了强有力的政策支持。2011 年以来，我国 13 个草原牧区省份实施草原生态保护补助奖励政策，有的地区在实施封山禁牧、退耕还草后，根据实际条件调整产业结构，实施生态移民，发展高效集约产业，在保障和增加农牧民收入的同时促进草原生态修复。另外，加强草原生态建设的教育宣传、完善监管和责任追究政策也是其中重要的一环。

3. 管理措施

为更好地加强草原生态修复和治理工作，不仅要严格执行各项草原生态保护的法律法规，还需要明确相关的责任。第一，加强对草原生态环境的监管，对草原生态的变化进行实时的监测，利用现代化信息技术和高科技手段，建立起网络监督体系，建立起生态系统数据库，对草原生态的各项动态进行全面的监控。第二，加大执法力度，工作人员一定要加强对草原生态系统的巡查次数，认真履行相关的法律法规，加大对破坏草原生态系统违法行为的打击力度。第三，制定好生态草原修复治理的责任追究制度，对修复治理的情况要及时的跟踪，如果存在工作不力或者没有履行相关职责的单位，要求其进行限期整改，以不断提高生物系统的质量和稳定性。

4. 宣传措施

进行草原生态环境的修复和治理是要全民参与的，对草原生态和环境的保护知识，需要进行广泛宣传。利用网络媒体等手段加强草原生态系统相关知识和法律法规的普及，使人们充分意识到草原生态环境所具备的重要作用，参与到保护环境的活动中，加强人们对生态系统保护的意识。

对于草地的生态修复，单一的措施是远远不够的，需要建立起一个综合的生态修复体系。因此，在进行草地生态修复和治理的过程中，需要因地制宜，有一定的针对性，根据不同地区草地生态环境的位置与气候特点等，制订相应方案。草地生态的修复和治理工作，要做好分类管理，做到有的放矢，精确实施相关的政策，这样对草地生态环境的发展比较有利。

6.3 海南省草地生态系统修复实例

6.3.1 海南省草地生态系统简介

海南岛地势中间高四周低，自然环境条件复杂，植被类型多，其中宜牧天然草地面积占全岛土地总面积的9.2%。海南草地主要由草山、草坡组成，其中大面积连片草地约36万公顷，多为低山丘陵草地，坡度在10～25°之间，且连片面积较大，大多在600公顷以上。海南的草地类型可划分为热性草丛草地、热性灌丛草地、干热稀树灌草丛草地、低地草甸草地和零星草地。其中，热性草丛草地主要分布在西南部海拔50～900 m的台地、丘陵、山地地带，建群的草本植物多为旱生性，主要有五节芒、芒、白茅、蜈蚣草、画眉草等；热性灌丛草地主要分布在北部海拔10～500 m的阶地、台地、丘陵地带，建群植物主要有野牡丹、番石榴、黑面神、蜈蚣草等；干热稀树灌草丛草地主要分布在西部沿海低丘台地，建群植物主要有木棉、黑面神、桃金娘、五节芒、鹧鸪草等；低地草甸草地主要分布在海拔50 m的台阶高坡地，建群植物主要有狗牙根、马唐、香附子等；零星草地是指分布于农田、林地间隙、田埂、路旁、河堤边、园边、村庄附近等的零星天然草地和少量人工种植的牧草刈割地，建群植物主要有地毯草、马唐、白茅等；人工草地主要种植银合欢、有钩柱花草、王草等。

整个海岛草种种类繁多、生长季长、土壤肥沃、雨量充沛；沿海多盐碱沙地，中部多丘陵、山地。良好的草地资源和独特的地理位置为各种动物及人类提供了优越的条件，特别是造就了海南土著民族黎苗族的特色文化。苗族村落多位于山谷坡地、山间盆地或高山之中，村寨环境优美但经济发展落后。独特的村寨环境在一定程度上限制了常规种植业的发展，但具有发展畜草业的独特优势。黎苗民族文化地区发展畜草业，不仅可保护黎苗村落独特的环境风光生态草业、旅游业发展，更可促进民族特色的区域经济生态环境保护的发展与民族文化资源保护和谐统一。海南的中西部山区是黎苗族人民的主要居住地，草山草坡集中连片，十分适宜建人工草地。经过多年的种草养畜，在草业方面掌握了人工种草、飞播牧草、牧地改良、牧地管理和利用等多项技术。中澳技术合作的东方示范牧场、白沙县细水万亩草地、琼中红岛奶牛场等大草场都取得了较好的效果。经改良后的人工草地产肉量和母牛繁殖率明显提高。众多黎苗族家庭依靠天然草场建立“家庭牧场”，采取承包的形式利用荒山秃岭，在山顶种树，山腰播草，山脚饲牛、养羊、种果，果园间种牧草，形成立体庄园式牧场，效益可观。

6.3.2 海南省草地生态系统存在的问题

近年来，由于天然草地的土壤有机碳损失严重，加上一些地方长期不当的放牧，大量

的地上部分都被采收作饲料；另外气候变化、地表温度增高、土壤有机碳分解变快，导致草地生态系统受损严重，并且出现了各种各样的问题。由于人类对草地生态系统的不合理利用，如无节制地开发生物资源、过度放牧、环境污染、外来物种入侵等，致使草地生产力下降、生物多样性锐减、动植物濒临灭绝、草场退化、水土流失严重、自然灾害频繁等生态环境问题加剧，从而造成草地生态系统失衡。

1. 牲畜超载，草地退化

海南广大农民对牛羊的养殖仍然是以粗放放养为主，片面追求牲畜数量，没有采取草地轮牧等措施，也不注意草地合理建设，忽视对草地的投入，实行掠夺式的经营，使得草地长期得不到适当的养护管理。那些离村庄较近、海拔较低、交通方便的草地普遍存在过度放牧现象，优良牧草数量不断减少，质量也有所下降，有害有毒植物不断增多，草地退化严重，载畜量下降。海南省草地的理论载畜量为 3.90×10^7 万只羊单位，但实际载畜量高达 6.41×10^7 万只羊单位，超载率为 64.3%。

2. 利用方式落后、不均衡

无序的自由放牧方式除造成部分草地因长期重牧或过牧而退化严重外，还使另一部分远离村庄、海拔较高、交通不便的草地普遍存在不放牧或轻牧现象。每年有大量的可利用牧草枯死倒伏，形成枯草层，造成资源浪费并严重影响草地的再生利用。此外，大多数草地还存在季节性利用不平衡问题，即秋夏饲草生长旺盛，供应过剩，却缺乏相应的干草割晒贮藏措施而白白浪费；春冬干旱草地产草能力下降、饲草供应不足，致使“夏饱、秋肥、冬瘦、春乏”这一现象频频在海南家畜饲养中出现。

3. 盲目开垦

草地经营管理仍然面临许多严重问题，表现为草地基础建设薄弱、草地管理水平低、牲畜饲养管理水平落后、畜群结构不合理、草畜供求矛盾等。人口的增加和资源的不合理开发利用，加剧了草地的退化。在广种薄收的错误思想指导下，农民在草山草坡上盲目开垦草地，如白沙的细水牧场，原来是 1.33 万公顷的草地，现在已经被开垦种植甘蔗、果树、桉树，除部分开垦草地尚能耕种外，其余大部分因不具备农作物生长发育的基本水热条件而被弃耕，弃耕后的土地，只能生长一些饲用价值低、适应性差的牧草。

6.3.3　海南省草地生态系统可持续发展策略

1. 确定适宜载畜量，发展季节畜牧业

根据草地的可利用面积、草地可食牧草产量等核定适宜载畜量，做到以草定畜、草增畜增、草畜平衡，从而合理利用天然草地。在草地生产力高的季节适当增加载畜量，在草地生产能力低的季节应采取减少牲畜头数、提高出栏率或提供人工饲草料等方式缓解草场的压力。此外，要考虑放牧强度对牧草品质、植物生产力、草地生物（包括动物、植物及微生物）多样性和土壤等的影响作用，通过季节轮牧和划区轮牧，科学管理草地，不但能让轮牧周期内每一片草场的牧草都能完成生活史，从而改善草地群落结构。防止草地退化，还能使草地得到均衡利用。这样一方面可以保持草地的生态条件，保证草地良性发展，另一方面可以提高经济效益。

2. 改良天然草地，建立人工草地

人工草地作为促进草地生态系统恢复的一种措施，是利用农业技术栽培草地，目的是获得高产优质的牧草，以补充天然草地的不足，满足家畜的饲料需要。根据海南省水热资源丰富的自然优势，退化的草地可采用施肥、补播优质牧草、封育等措施对草地生态系统进行修复，开展草地改良。一般在坡地平缓的草地种植有钩柱花草、西卡柱花草等优良豆科牧草，可使用的禾本科牧草有臂形草、坚尼草、狗尾草；坡度大的草地可播种新银合欢，行间补播豆科牧草；而西部干旱草地，可种植耐高温、干旱、贫瘠的旗草等。

3. 轮牧、休牧和围封

轮牧是有效利用草地的一种放牧方式，按季节依次轮回或循环放牧的一种放牧方式。休牧是中国主要放牧管理和草地保护的措施之一，可以通过自然的作用，使退化草地的植被与土壤得到恢复，维持多样性和较高的生物量。适度围封往往使植被层的高度、盖度和生物量都得到显著增加，使退化草地得到有效改善。

4. 全面规划利用，落实使用权

在大力发展热带作物的同时，全面规划土地。全面落实草原双权制来保护草地，防止草地退化。双权制即落实草地所有权和使用权，落实草场承包到户责任制，实行有偿使用，真正做到草地有主、放牧有界、使用有偿、建设有责、管理有法，充分调动农民群众管理保护草地的积极性、建设草地的积极性和科学养畜的积极性，使海南草地永葆健康，永续利用。

5. 设立自然保护区

设立自然保护区仍然是保护生物多样性的核心举措，是实现草地生物多样性及其生态系统服务的重要途径。自然保护区的设置要充分衡量设定范围、空间配置、系统设计、物种名录和成本等因素。如果知道物种的确切位置，就可以应用空间优化技术，根据保护目标划定准确保护区的位置，同时尽量减少其他保护成本。

不难看出，加强宏观调控、调整产业结构是开发草地生态系统多功能和维持可持续发展的对策之一。实行退耕还林还草，经济发展不再局限于种植业和畜牧业，而应该在适度发展这些产业的同时，利用本地特有的资源发展其他辅助产业，如发展药材基地，通过发展生态、休闲旅游等带动草业、餐饮服务业等相关产业，培植新的经济增长点。同时，要加强科学、文化建设，发挥草原的历史文化传承作用。

6.3.4 海南省草地生态系统修复实例

海南省在草地生态系统的修复过程中主要采用的方式为人工草地的建立，例如八一农场、西联农场、红岭农场、新盈农场等。下面，我们就以新盈农场为例来简单介绍一下。

1. 农场概况

新盈农场建于1957年5月，原为匿泉农场第五作业区，因驻地邻近临高县新盈港，故称为新盈农场。新盈农场地处海南省儋州市东北部，场区东连临高县新盈、波莲、南宝三镇，南接东成乡抱舍村，西及西北与光村镇相邻，北近泊潮港。场部设在抱舍以北2 km的四方山（又称大王山）南麓，南距那大镇41 km。新盈农场具有丰富的自然资源：600多公顷的红树林；133多公顷的野生古荔枝林；近海有300多棵大榕树和成片的榕树群落；境内有众多人文景观，如汉代的劳大将军庙、符皇大帝庙和东坡井等。

2. 地理环境

新盈农场地势较低，海拔一般在20～160 m，场区西侧的四方山海拔187 m，为全场

最高点（是一个古火山堆，玄武岩熔岩的喷发中心），地势由此缓缓向四周倾斜。地貌类型以玄武岩台地为主，地面平缓开阔，坡度多在5°以下。该场属琼北微寒中风气候区，干、湿季节各半。该场溪沟较少，流量不大，主要有狗仔沟、铜鼓沟、南蛇沟等，自南向北流经泊潮港入海。

3. 经济发展

1961年前以种植粮食作物与甘蔗为主，橡胶为辅，橡胶面积仅270多公顷。1962年后开始大面积种植橡胶，其中1979年扩种面积达300公顷。至1990年，该场共有胶园面积300公顷，橡胶总株数114.09万株，其中已开割胶树为70.52万株。20世纪80年代初期，该场的干胶年产量均未突破1000吨，至1985年才达1121吨，至1990年达2045吨（亩产干胶60kg以上）。自建场至1990年，累计总产干胶18950.5吨，割胶30年平均每年631吨；粮食播种面积为564公顷，占农作物总播种面积的73%，其中水稻在粮食作物中占主导地位，年产稻谷近2000吨。此外，瓜果、蔬菜的面积和产量也逐年增加。1990年，该场农业总产值2270.9万元。

目前，农场以天然橡胶生产为主，农、牧、旅、商综合经营同步发展。如今农场拥有人口17450人，在职职工3504人，拥有土地面积6831公顷，其中橡胶面积3000公顷，红树林1733公顷（含水面）。农场主要种植牧草为王草（图3－27），可以满足牧场畜牧的需求。场区内还有大片用于休闲的人工绿地，为居住及办公提供了优美的环境。

图3－27　新盈牧场牧草

第七节　海洋生态系统

海洋生态系统是地球水域生态系统中最大的一个部分，其生态系统包括海洋、潮间带、河口、红树林等，这些海洋生态系统的分支支持着众多生物的生存。工业革命以来，不增断加的人类活动所引起的大气CO_2浓度增加、温度上升等全球变化问题，使得海洋生态系统面临着前所未有的压力，给人类社会的可持续发展带来了诸多挑战。

7.1　海洋生态系统概述

海洋生态系统是海洋中由生物群落及其环境相互作用所构成的自然系统。广义而言，全球海洋是一个大生态系统，其中包含许多不同等级的次级生态系统。每个次级生态系统占据一定的空间，由相互作用的生物和非生物，通过能量流和物质流形成具有一定结构和功能的统一体。海洋生态系统服务功能及生态价值既是地球生命系统的重要支撑组成，也是社会与环境可持续发展的一项基本要素，并相互依存。

7.1.1　海洋生态系统的类型和特点

关于海洋生态系统分类，目前尚无统一定论。按海区划分，一般分为河口生态系统、浅海生态系统、大洋生态系统等。按生物群落划分，一般分为红树林生态系统、珊瑚礁生态系统、藻类生态系统等。狭义的区分海洋生态系统可分为水层和底栖两个分系统。水层分系统包括了从海洋表层到最大深度的水体范围内生活的所有生物，以及它们的环境；底栖分系统则包括了所有生活在海底基质中的底栖生物，以及它们的底栖环境和水环境。但从人类生活生产以及对人类影响的角度，常见的分类标准还是按照区域海洋特征分类，即红树林、珊瑚礁、海草床、滨海湿地、入海河口等多种类型海洋生态系统。下面集中简单介绍前三类近海生态系统。

1. 红树林生态系统

红树林生态系统是由生长在热带海岸泥滩上的红树科植物（常绿灌木或乔木）与其周围环境共同构成的生态功能统一体。在红树林生态系统中，主要植物种为红树、红茄莓、角果木、秋茄树、木榄、海莲等，这些植物有呼吸根或支柱根，当果实在树上时种子即可在其中萌芽成小苗，再脱离母株，下坠插入淤泥中发育为新株。我国福建、台湾、广东、广西部分沿海滩涂地区均有分布，也存在于印度、马来西亚、西印度群岛和西非等国家地区。红树林对海防的意义很大，也是海岸滩涂动物的栖息地。一般认为，红树林生态系统的生态平衡是一种脆弱的平衡，其中包含着许多生物和环境因子。一旦由于人为等因素破坏了结构中的某一部分，就可能造成整体失衡，因此保护最脆弱的生态系统对于维持全系统平衡尤为重要。

图3－28　海南省东寨港红树林国家自然保护区

2. 珊瑚礁生态系统

珊瑚的分布状态可以分为三个等级：一是珊瑚礁，由成千上万珊瑚虫的骨骼缓慢生长堆积而成；二是珊瑚林，不像珊瑚礁那样挤在一起，而是在一个地区长得比较密集；三是散开生长的珊瑚。地球上存在暖水珊瑚礁和冷水珊瑚礁两种珊瑚礁生态系统。其中，暖水珊瑚礁主要分布在南北回归线之间的热带、温带海洋中，而绝大部分造礁珊瑚只能生长在热带海域，对环境变化十分敏感，是衡量周围海水环境质量的重要指标生命体。冷水珊瑚生活在4℃～12℃的冷水里，与生长在热带浅海水域的暖水珊瑚不同，冷水珊瑚不与单细胞藻类共生，主要以水中的浮游生物以及浅水层沉降下去的有机质为食。“冷水珊瑚林”是深海中一个重要的生态系统，除了各类珊瑚外，这里还是很多生物赖以生存的家。目前，冷水珊瑚的研究主要集中在大西洋、美国西海岸太平洋地区和夏威夷海域。珊瑚礁可以保护海岸线，充当波浪与海岸之间的缓冲器，当海洋中发生地震海啸等自然灾害的时候，能降低其破坏力。珊瑚礁周围生活着大量的鱼类以及其他生物，形成天然渔场。

图3－29　珊瑚礁生态系统

3. 海草床生态系统

海草床是除了红树林和珊瑚礁之外最典型的海洋生态系统之一，是地球上生物多样性最丰富、生产力最高的海洋生态系统之一，也是全球多样性保护的主要对象之一，被称作“海底草原”。

海草是地球上唯一可以完全生活在海水中的被子植物。全球已知的海草种类有70余种，隶属6科13属。中国现有海草22种，隶属4科10属。全球海草床分布广泛，分为温带北大西洋区系、温带南大西洋区系、温带东太平洋区系、温带西太平洋区系、地中海区系、加勒比区系、印度—太平洋区系、南澳大利亚区系和新西兰区系九大区系。我国海草床分布基本位于温带西太平洋区系和印度—太平洋区系。我国海草分布区可分为南海海草床分布区和黄渤海海草床分布区，前者共有海草9属15种，以喜盐草分布最广；后者有3属9种，以大叶藻分布最广。据统计，全国海草床总面积约87.65 km^2，其中海南、广东和广西分别占64%、11%和10%。作为珍贵的“海底草原”，海草床具有净化水质、为近海生物提供食源及栖息场所、维持生物多样性等重要的生态系统服务功能。然而，由于全球变化，世界海草床大面积衰退。近年来，有关海草床生态系统的保护和修复逐渐成为研究热点。

图3-30　海草床生态系统

7.1.2　海洋生态系统的组成结构

海洋生态系统同其他生态系统一样，也是由生产者、消费者、分解者和非生物环境组成。海洋中的光合作用可由海洋浮游生物、底栖藻类、大型海藻、部分介核生物、潮汐带的高等植物、微生物等多种生物完成，是海洋中最主要的物质生产过程和氧气释放过程，也是最大的生产者聚集地。生物组成部分包括浮游动物，以及在水层中生活的运动能力较强的一些动物。它们的个体一般都比较大，海洋中常见的游泳动物有各种鱼类、一些爬行动物（如海龟等）、一些哺乳动物（鲸类），还有一部分在海洋底部生活的底栖动物，例如一些无脊椎动物（甲壳类、软体类），它们都是主要的消费者。而分解者与其他生态系统基本一致，包括了一系列的微生物体系。

除了生物因素外，还有非生物成分。例如，海流是具有相对稳定速度的海水的流动；海浪是发生在海洋中的一种波动现象，主要包括风浪、涌浪、近岸波三种；潮汐是海水在月球和太阳引力作用下发生的周期运动；海水的混合是海洋中存在着的一种最为普遍的运动形式，参与这种运动的海水，带着自己原来的特性，由一个空间向另一个空间运动，从而使相邻海水的性质逐渐趋向均匀，结果形成一种水文要素特性均匀一致的海水。

7.1.3　海洋生态系统的功能

海洋生态系统的功能主要包括食品供给、生产性原材料供给、基因资源提供、对空气组分及质量的调节、对温室气体的调节、对水质及环境的净化、生物间的控制和调节、对灾害的衰减和缓冲调节、对科学研究的贡献、旅游娱乐服务等。海洋生态系统服务功能可归纳为供给功能、调节功能、文化功能和支持功能四个功能组。

1. 供给功能

供给功能是指海洋生态系统为人类提供食品、原材料、提供基因资源等产品，从而满足和维持人类物质需要的功能，主要包括食品生产、原料生产、提供基因资源等功能。

2. 调节功能

调节功能是指人类从海洋生态系统的调节过程中获得的服务功能和效益，主要包括大气调节、气候调节、废弃物处理、生物控制、干扰调节等功能。例如，通过调节空气气温、湿度、吸收温室气体等来调节气候；人类生产、生活产生的废水、废气等通过地面径流、直接排放、大气沉降等方式进入海洋，经过自净化最终转化为无害物质；在近海富营养化海区，浮游动物和养殖贝类起到抑制赤潮生物的作用，减少对人体健康的损害；草滩、红树林和珊瑚礁都起到减轻风暴、防止海浪对海岸、堤坝、工程设施破坏的功能。

3. 文化功能

文化功能是指人类通过精神感受、知识获取、主观印象、消遣娱乐和美学体验等方式从海洋生态系统中获得的非物质利益，比如休闲娱乐、文学创作、美学音乐等。另外，海洋的科研价值也是不容忽视的，比如海洋提供了科研场所等。

4. 支持功能

支持功能是保证海洋生态系统物质功能、调节功能和文化功能的提供所必需的基础功能，具体包括营养物质循环、物种多样性维持和提供初级生产的功能。例如，通过浮游植物、其他海洋植物和细菌生产固定有机碳，为海洋生态系统提供物质和能量；氮磷硅等营养物质在海洋生物体、水体和沉积物内部及其相互之间的循环支撑着海洋生态系统的正常运转；通过大气沉降、入海河流、地表径流、排污等方式进入海洋的氮磷等营养物质被海洋生物分解、利用，进入食物链循环；海洋不仅生活着丰富的生物种群，还为其提供重要的产卵场、越冬场和避难所等场所，如滨海湿地、珊瑚礁就维持着很高的生物多样性。

7.1.4　人类活动对海洋生态系统的影响

改革开放后，我国对海洋进行了大规模的开发利用，但是因为落后的理念对海洋生物以及其他海洋资源的不合理开发使用，给海洋资源造成了巨大的损害。当前，我国外海水质整体较好，但近岸海区都呈现出不同程度的污染，局部海域污染尤为突出，污染范围也正在逐渐扩大，加之当前人类活动频繁，海洋漏油事件频发以及环境灾害的出现，导致海洋生态正在遭受严重的破坏。

1. 海洋生物多样性被破坏

因粗犷经营，海洋生物资源不合理的开发利用使得海洋生态系统循环被破坏。近海长期过度捕捞，重要渔区的渔获种类以及数量双降，渔获量朝着低龄化、小型化方向发展，其渔业资源面临衰竭崩溃的风险。例如，由于过度捕捞，我国渤海传统经济鱼类小黄鱼种群已经被其他杂鱼代替，现在的主要渔获以虾蟹、小杂鱼为主，这已经威胁到物种的生产能力。另外，珍稀濒危海洋生物日益减少，每年有大量东方鲎、海龟等遭到捕杀，中华白海豚数量急剧减少。

2. 海洋生物生境破坏

对海洋生物资源及其环境不适当的开发，严重破坏了海洋生物赖以生存的环境，特别是人工填海造地、筑坝等海岸工程对海洋生态系统的物质能量循环产生了巨大的影响。我国滨海湿地、红树林、珊瑚礁与上升流区域并称最富生物多样性的四大海洋生态系统，但目前滨海湿地生境锐减。近代，我国红树林生态区由于围海造地、围垦养虾、工程开发、砍伐薪材和环境污染等不合理利用和破坏，导致红树林湿地资源急剧下降，分布面积减少。目前，我国红树林生物多样性降低、生态结构和生态功能下降，呈现明显的退化状况。珊瑚礁也是海洋高生产力生态系统，珊瑚礁为丰富的鱼类及底栖生物提供了最佳的生境。近年来，环境污染使局部地区的造礁珊瑚物种多样性指数大大降低，甚至使部分种群消亡；过度捕捞使造礁珊瑚伴生物遭受严重破坏，种群数量急剧减少，海洋旅游开发伴随的大量开采珊瑚礁活动，使近岸海域珊瑚礁生态系统受到严重破坏。虽然海洋自然保护区的建立在一定范围内和在一定程度上遏制了珊瑚礁的人为破坏，并呈现出逐步恢复的趋势，但全球海洋酸化向着不可逆的方向发展，珊瑚礁生存艰难。海草床是浅海水域初级生产力最高的生物栖息地之一。我国沿海从南到北都有海草资源分布，特别是海南岛。该海域海菖蒲、泰莱草叶面上的沉积物层加厚，光合作用能力降低，整片海草床呈现老化、退化甚至消失趋势。

3. 海洋水环境污染

陆源和海源的污染严重影响了海洋水体环境，进而带来一系列环境问题。研究结果表明，我国的海洋环境日趋恶化，其中我国东部工业化和城市化进程的加快，沿海一些河口、海湾和大中城市毗邻海域接纳了大量的污染物，加重了这一进程，造成海洋富营养化的加重。另外，沿海地区的水产养殖产业也问题频发，其中养殖自身污染引起的生态问题和陆源排污引起的环境恶化、生物多样性降低等，已经威胁到海洋生态系统健康发展和生态服务功能的发挥，使海域自然资本、固有价值下降。再者，随着养殖规模的扩大、集约化程度的提高，我国海水养殖病害频发，这又加大了抗生素、激素类和高残留化学药物的使用，不仅影响了养殖产品质量，对人们的生命健康也构成了威胁。

目前，海洋生态环境的不和谐主要体现在海洋生物资源的粗放型开发利用方式、海洋环境污染、渔业资源过度开发、国家宏观调控管理以及涉海法律不健全、人口大量向沿海移动产生的压力等方面。另外，社会一味地追求经济发展却忽视了对近岸海域生态系统的维护，人们对海洋环境、生态系统、生物资源、海洋经济整体、协同发展的认识薄弱也加重了近海海洋生态系统的恶化。

7.2　海洋生态系统的修复技术

海洋生态修复是指利用自然环境的自我修复能力，在适当的人工措施的辅助下，使受损海洋生态环境恢复到原样或原有的基本结构和功能状态，使生态系统的结构、功能不断恢复并保持相对稳定。值得注意的是，在海洋生态系统修复过程中，人工干预只是辅助性地促进海洋生态修复。

7.2.1　海洋自然与人工生境修复方法

引进或者分批持续引进关键动植物品种，例如进行海藻场建设，我国就有研究人员在20世纪初尝试通过播撒孢子水、投放藻礁块等多种方法进行海藻场修复工作。2013年在浙江省枸杞岛完成的铜藻藻场修复试验，研究人员通过培育和移植手段帮助建群种在藻场完成一个生命周期的生长，并对短期内海藻场修复有着显著成效，在大型海生长旺盛期，

藻场覆盖度提高了31%。已有学者总结认为，建设原则和建设效果的评判标准应满足五个基本条件：第一，有着不低于相近海域天然藻场的海藻覆盖面积或生物量；第二，有着不低于相近海域天然藻场的海藻物种丰富度；第三，除凋落期外，海藻群落能够周年连续性地存在；第四，能提供不低于相近海域天然藻场所产生的有机碎屑体量；第五，有着不低于相近海域天然藻场的饵料生物多样性和生物量。

另外，人为重建海洋水文功能，恢复河口湿地生态，对严重污染区底质进行污染整治也是采用目前的方法。

7.2.2　海洋渔业生物资源增殖修复技术

渔业资源增殖是利用人工方法向天然水域中投放鱼、虾、贝、藻等水生生物幼体以增加种群数量，改善和优化水域的渔业资源群落结构，从而达到增殖渔业并改善区域水域生态平衡的重要手段。除此之外，还可以定向投放人工鱼礁等装置增加区域水域种群资源量。

渔业生物资源增殖修复主要通过人工放流、移植驯化、改善水域环境、养殖场建设等方式进行。放流增殖的对象为经济价值高且易于进行苗种培育和放流的地方品种，一般选取食物链级次较低、适应性较强的种类。它们一般具有生长迅速、生活史短、移动范围小等特点。此外，还应该考虑水域中各生物之间的平衡关系以及基础饵料的丰富程度等。如移植驯化新的水产资源进入一水域时一定要注意其繁殖能力以及丰富程度，最好是移植饵料生物，这样既可以间接提高增殖水产资源，又不会因繁殖泛滥导致生物外来入侵的困扰。不过，根本的增殖修复技术离不开改善水域环境的方式，包括为鱼类产卵提供基本条件、建设过鱼设施、维持洄游性鱼类的洄游通道；用树枝、纤维扎制成把，在鱼类的繁殖期放置，方便黏性鱼卵的附着；在修建的水坝等水利工程旁修建过鱼设施，为某些鱼类洄游提供方便。

此外，设置人工鱼礁除了聚集鱼群、提高捕捞效率外，还为幼鱼提供了栖息条件，也能起到增殖鱼类资源的作用。

7.2.3　受损海洋生态环境生物修复技术

生物修复技术，指一切以利用生物为主体的环境污染的治理技术，即利用生物的特性和机能修复环境。根据生物修复的污染物种类，它可分为有机污染的生物修复、重金属污染的生物修复和放射性物质的生物修复等。对海洋生态环境而言，它包括利用藻类、动物（鱼、虾、贝等）和微生物吸收、降解、转化沉积环境和水体中的污染物，使污染物的浓度降低到符合功能的水平，或将有毒有害的污染物转化为无害的物质，也包括将污染物稳定化，以减少其向周边环境的扩散。如在海水养殖富营养化的治理中，江蓠、紫菜等大型海藻是常见且有效的生物过滤器。

生物修复技术最成功的案例是1990—1991年应用投加营养和高效降解菌对阿拉斯加王子海湾的油轮泄漏污染进行的处理，取得了非常明显的效果，使得近百千米海岸的环境质量得到明显改善。进入21世纪，生物修复技术得到快速的发展，应用领域得到了进一步的拓展，应用理念得到进一步的深化，所取得的效果更加明显，特别是在海洋环境修复中发挥了其他修复技术无法代替的作用。

7.2.4 海洋与渔业保护区建设

加强海洋与渔业保护区建设是保护海洋生物多样性，渔业生物资源和防止海洋生态环境全面恶化的最有效途径之一。根据《海洋特别保护区管理办法》，分为海洋特殊地理条件保护区、海洋生态保护区、海洋公园和海洋资源保护区四种类型。中国是一个海洋大国，主张管辖海域面积约 300 万 km^2。海洋自然保护地是建立以国家公园为主体的自然保护地体系的重要组成部分，是实施海洋强国战略的重要基础，是建设美丽中国的重要载体，更是海洋生态文明建设的必然要求。自 1963 年我国第一个海洋保护地——辽宁蛇岛老铁山国家级自然保护区建立以来，经过 50 多年的发展，我国已初步建成了以海洋自然保护区、海洋特别保护区（含海洋公园）为代表的海洋保护地网络，在保护海洋生态环境和生物多样性、推动陆海统筹、维护国家海洋权益等方面发挥了重要作用。截至 2018 年年底，我国共建立各级各类海洋自然保护地 271 处，其中国家级 106 处，涉及辽宁、河北、天津、山东、江苏、上海、浙江、福建、广东、广西和海南 11 个沿海省（区、市），总面积达 12.4 万 km^2。保护对象涵盖了珊瑚礁、红树林、滨海湿地、海湾、海岛等典型海洋生态系统以及中华白海豚、斑海豹、海龟等珍稀濒危海洋生物物种。

此外，要加强海洋生态系统管理的法律法规建设。国际上制度标准较为领先的是欧盟颁布的《综合海事政策》(*Integrated Maritime Policy*)，它是一种一体化海事政策，旨在为海事问题提供更加协调一致的方法，并在不同政策领域之间加强协调。它着重于协调解决不属于单一部门政策的问题，例如“蓝色增长”是基于不同海事部门的经济增长，包括水产养殖、沿海旅游、海洋生物技术、海洋能源以及海底采矿，这些问题都需要不同部门协调。总体来说，综合海事政策是为了确保海洋环境被保护以及海洋和海岸带的可持续利用。该方法要求人类在进行海洋活动时考虑到自然资源的有限性以及生态系统的有限承载力。另外，海洋生态修复的标准设置为“良好环境状态”，意在避免继续出现“重开发，轻养护”的现象，避免继续采取以经济利益为导向的海洋管理政策，而是应当坚持可持续发展。

我国现行法律并未明确规定生态修复标准，只进行了原则性的规定。在《中华人民共和国海洋环境保护法》中描述为“对具有重要经济、社会价值的已遭到破坏的海洋生态，应当进行整治和恢复”。而在国家海洋局的《海洋生态损害评估技术指南》和《海洋生态损害国家损失索赔办法》中均未规定具体可操作的规章制度，总体法律法规制定还有很大的进步空间。目前，我国已经逐渐开展海水养殖清洁生产；对退化的天然渔场进行环境整治与生态修复；强制规定网目大小和捕鱼季节，严格执行禁渔休渔制度，控制破坏性渔业活动。此举对海洋生态环境质量的提升效果明显。

7.3 海南省海洋生态系统修复实例

7.3.1 海南省海洋生态概况

2019 年海南省海洋生态环境状况公报显示，海南省海洋生态环境质量总体优良。所辖海域水质为优，近岸海域水质保持优，近岸海域沉积物质量优良；海洋生物多样性保持稳定，典型海洋生态系统珊瑚礁处于健康状态、海草床处于亚健康状态；主要入海河流入海河口断面水质良好；国家重点海水浴场均适宜游泳，主要滨海旅游区和重点工业园区近岸

海域水质保持稳定；监测的海水增养殖区综合环境质量等级为优良；昌江核电厂周边海域环境放射性核素活度浓度处于本底水平。目前，海南省所辖海域水质为优，一类水质海域面积占99.9%；劣四类水质海域面积为43 km^2，主要分布在万宁小海近岸海域，主要污染指标为活性磷酸盐。

2019年，海南省所辖海域呈富营养化状态的海域面积共195 km^2，其中轻度、中度和重度富营养化海域面积分别为159 km^2、17 km^2和19 km^2。近岸海域沉积物质量总体优良。全省38个近岸海域沉积物质量监测站位中，沉积物质量为一类的站位占97.4%，同比上升3.1个百分点；二类占2.6%，同比下降3.1个百分点。

海南岛近岸海域共鉴定出浮游植物共5门282种，各站位浮游植物的多样性指数在2.1～5.2之间，均值为4.1，较2017年（均值为3.6）略有升高；浮游动物共9类165种，各站位浮游动物的多样性指数范围在2.2～4.8之间，均值为3.9，较2017年（均值为3.6）略有升高；大型底栖生物共8门138种，各站位大型底栖动物的物种多样性指数范围在1.6～3.9之间，均值为2.8，与2017年（均值为2.8）持平。

西沙群岛生态监控区共鉴定出造礁石珊瑚12科36属94种，优势种及常见种有疣状杯形珊瑚、多曲杯形珊瑚、指状蔷薇珊瑚、多孔鹿角珊瑚等；偶见的软珊瑚种类主要为短指软珊瑚和豆荚软珊瑚等。东海岸生态监控区共调查到海草2科3亚科5属5种海草，即圆叶丝粉草、单脉二药草、海菖蒲、泰来草和卵叶喜盐草，优势种为海菖蒲和泰来草。总体上，海南岛近岸海域浮游植物和浮游动物的总体生物环境质量均为优良，大型底栖动物的总体生物环境质量为一般。

海南省拥有河口、红树林、珊瑚礁、海草床等多种海洋生态系统，其中红树林、珊瑚礁和海草床是热带典型海洋生态系统。2019年，对海南省典型海洋生态系统珊瑚礁和海草床开展了海洋生态系统健康状况监测。西沙群岛珊瑚礁生态系统监控区包括永兴岛、西沙洲、赵述岛、北岛、晋卿岛和甘泉岛，海南岛东海岸海草床生态系统监控区包括文昌高隆湾、长圮港、琼海龙湾港、陵水新村港、黎安港。目前，西沙群岛珊瑚礁生态系统处于健康状态。西沙群岛生态监控区造礁石珊瑚覆盖度平均值为13.0%，造礁石珊瑚覆盖度最高的是甘泉岛，为45.2%，最低的是永兴岛，为4.0%；软珊瑚覆盖度为0.0%；造礁石珊瑚补充量平均为3.41个/m^2，各监测区域珊瑚补充量都较高；珊瑚礁鱼类较为丰富，平均密度达99.41尾/百平方米。

7.3.2　海南省海洋生态系统修复的实例

1. 海草床修复工程

海南省海洋与渔业科学院海洋生态研究所通过《海草床退化机理研究及生态恢复技术研发与示范》项目与《清澜港5000吨级航道扩建填海造地项目生态环境修复》项目先后在海南省陵水和文昌两地进行了海草床资源修复研究。主要通过选择在原有海草分布的光滩进行人工移植修复，采用椰子载体、泥制载体及竹制载体，通过对不同有机无污染载体设计，装载海草苗进行移植。分析不同载体对海草移植成活率的影响，模拟沙漠草方格原理，制作海底土方格，减缓微环境水流，沉降悬浮物，捕抓营养盐，达到稳定底质和固定海草植株的目的。另外，利用铁离子的氧化还原反应原理，释放植物需要的铁离子，诱导提高碱性磷酸酶的活性和海草对磷素的利用效率，同时降低和缓解金属毒性，促进海草高效修复。研究还发现，在开放水域底质类型为珊瑚礁碎屑环境中，修复海草的种类应该选取植株较为高大的物种，如海菖蒲。在大规模自然恢复工程中，主要以生境恢复为主，其边缘零星分布的海草品种为泰来草，通过对自然恢复区进行人工施肥来实现海草恢复。作为热带海洋典型生态系统之一，海草床能够为众多海洋生物提供栖息地、索饵场及育幼场，海草床也是海洋生物的基因库和渔业生物资源的种源地。修复工作能取得成功，在海南生态学实践中具有重要意义。

2. 红树林保护工程

红树林是至今世界上少数几个物种最多样化的生态系统之一，生物资源量非常丰富。2019 年 3 月，国家林业和草原局在北京召开专家评审会，评审通过了《海南省红树林湿地保护恢复工程规划》《海南省重要生态系统保护和修复重大工程实施方案》《海南自然保护区森林经营先行先试方案》和《海南森林旅游示范区规划》四项生态修复规划方案。评审专家认为，《海南省红树林湿地保护恢复工程规划》全面分析了海南省红树林现状及问题，将通过确保现有红树林湿地有效保护、全面开展红树林湿地生境恢复、加强红树林湿地保护能力建设、确保湿地生态效益补偿政策落实等重点任务及保障措施，推动保护修复红树林湿地生态系统。

海南东寨港国家级自然保护区湿地生态修复工程项目自 2019 年 3 月 18 日开工建设以来，主要建设退塘还林工程、有害生物防治工程、信息化平台建设及科普宣教项目建设等，项目总投资 6771.71 万元。该项目地点为海南东寨港国家级自然保护区及周边湿地，完工时退塘还林面积达 169.02 公顷，共计种植大小红树百万余株，包括秋茄、白骨壤、桐华树、红海榄等 10 余种红树，造林面积达 130 公顷、治理三叶鱼藤 180 公顷；湿地生态特征变化预警智能化体系信息平台建设完毕；红树林博物馆修缮后已经重新开馆等。项目的实施有效地对东寨港海岸线及沿岸红树林生态系统进行了生态修复，扩大了东寨港港湾红树林面积，完善了红树林生态系统结构与功能，减弱了海水对海滩岸线侵蚀，提升了东寨港区域防洪减灾能力和红树林生态系统服务功能，保障了东寨港保护区的生态安全，为我国候鸟迁徙提供了良好的越冬栖息生境与停歇地。

3. 人工珊瑚礁修复工程

珊瑚礁是反映海洋生态多样性的标志性物种，同时也在保护海岸线免于被海浪侵蚀中发挥重要作用。由于海水温度上升、环境污染以及过度捕捞等，海南岛珊瑚礁生态系统普遍出现退化现象。海南蜈支洲岛的珊瑚覆盖率从 2006 年的 50% 左右退化到 2013 年的不足 10%。随着珊瑚退化，栖息在礁石上的鱼类贝类生物也开始减少。

为了加快珊瑚及珊瑚礁的保护和恢复，海南省海洋与渔业科学院会同国家海洋局、中国科学院等多家单位，从 2013 年起，连续四年在蜈支洲岛周边投放了 500 多个不锈钢材质的人工礁基，并移植了 3500 多个造礁石珊瑚，同时，还投放了 2000 多个水泥鱼礁和废弃的旧船。目前，珊瑚成活率可达 90% 以上，珊瑚的生长率也非常高，基本可以达到 0.5～0.8 cm/月。人工礁基上附着了大量的新生珊瑚，珊瑚覆盖率可以提高 5%～8%。珊瑚礁鱼类及大型底栖动物数量等都有所增加，珊瑚礁生态系统恢复效果明显。

图3－31 珊瑚礁修复工程

在之后的珊瑚礁生态修复工作中，研究团队根据生态系统的链式关系，培育与珊瑚密切相关的共生物种，如净化水质的贝类、降低水质富营养化和提高物种多样性的大型藻类，使珊瑚礁生态系统更加完善。蜈支洲岛珊瑚修复工作的成功，不仅证明了人工快速恢复珊瑚礁生态系统的可行性，更证明了人工构建水下珊瑚花园景观的可行性。现在，海南的人工珊瑚礁可根据不同需要建设不同规模的“水下花园”，既满足了旅游需要，也保护了珊瑚礁生态系统，使退化的珊瑚礁生态系统逐渐恢复成为可能。

思考题

（1）简述海南山体生态系统的受损原因。你认为可采用哪些方法进行恢复？

（2）森林生态系统、河流生态系统主要有哪些服务功能？

（3）简述森林生态系统、河流生态系统常用的修复方法。

（4）海南省森林生态修复的举措有哪些？请举例说明。

（5）相比其他的生态系统，农田生态系统有何特点？

（6）人类哪些活动会对农田生态系统产生影响？

（7）简述湖泊生态系统的结构和功能。

（8）受损湖泊生态系统修复的技术措施和政策性措施有哪些？

（9）简述草地生态系统的服务功能以及人类活动对草地生态系统的影响。

（10）简述草地生态系统修复与治理措施。

（11）海洋生态系统有哪些服务功能？简述海洋生态环境存在的主要问题。

（12）举例说明典型的海洋生态系统类型及其各自的特点。

第四章 海南省生态文明社会建设

要点导航：

(1) 掌握海南省生态文明社会建设的基本原则。

(2) 熟悉海南省生态文明社会建设的路径选择。

(3) 了解海南省生态文明农村建设和城市建设的概况。

生态文明社会是一种新型的社会关系，致力于促进社会、经济、自然的协调发展。生态文明社会建设是落实科学发展观、构建和谐社会、维护人民群众利益的直接体现，是推进人类文明进步的重要举措。其实质是以可持续发展为目标、以资源环境承载力为基础、以遵循自然规律为准则而建设起来的资源节约型和环境友好型社会；目的是实现人与自然的和谐相处，达到经济发展和生态建设的双赢。生态文明社会建设是我国生态文明建设的重要组成部分，是关系人民福祉、民族未来的长远大计，对实现中华民族永续发展具有至关重要的意义。

生态文明社会建设是一项长期的系统工程。海南省从建省开始就非常重视生态文明建设，尤其是近几年，海南省在农村生态文明建设、城市生态文明建设、教育生态文明建设等方面都投入了大量人力物力，并取得了令人瞩目的成绩。

第一节　海南省生态文明社会建设的基本原则与路径选择

海南生态文明建设的实践证明了“绿水青山就是金山银山”的科学论断，证明了坚持走生产发展、生活富裕、生态良好的文明发展道路的正确性。经济发展不能以破坏生态为代价，生态本身就是经济，保护生态就是发展生产力。当前，海南正在探索建设中国特色自由贸易港，推进国家生态文明试验区建设，更好地处理经济社会发展与生态环境保护之间的关系，推动形成人与自然和谐共生的现代化建设新格局，是海南发展的一项新任务。

1.1　推进海南省生态文明社会建设的基本原则

海南生态文明建设，肩负着特殊的历史使命，无论是现在还是未来，都应在新时代中国特色社会主义思想指引下，以生态文明建设思想为指导，遵循以下五个重要原则。

一是坚定不移坚持“生态立省”。“坚定不移实施生态立省战略”既是基本经验，又是海南贯彻落实新发展理念的基本要求。生态立省战略要求在处理经济发展与环境保护的关系时坚持生态优先原则，追求绿色经济效益最大化。当经济发展与生态环境保护发生冲突时，要服从生态环境保护的要求；当经济效益与生态效益发生冲突时，就要舍弃眼前的经济效益。2019 年，海南地区生产总值是 1989 年的 58.14 倍，但人们还普遍感觉发展慢了。其实，这所谓的“慢”，在很大程度上是因为人们坚持生态立省、环境优先。海南的青山绿水、碧海蓝天是一笔既买不来也借不到的宝贵财富。海南绝不为眼前一时的经济利益而毁掉造福子孙后代的“绿水青山”。“美好新海南”就是从这里起步的。

二是坚定不移严守“生态红线”。“谱写美丽中国海南篇章”离不开“生态立省”的战略定力。严守“生态红线”则是“生态立省”的具体政策实施。在处理发展与保护的

关系上，不发展，保护就没有本钱，而不保护生态环境的发展则无疑是饮鸩止渴。正确处理经济发展与环境保护的关系，就是要在两者之间找到平衡点，把握好一个“度”。这个“度”的最低要求就是守住生态红线。海南生态红线的最初划定是从生态省建设开始的，后经过主体功能区规划、海南国际旅游岛建设规划、海南省总体规划等，已经逐步构建起生态功能保障基线、环境质量安全底线、自然资源利用上线三大红线。同时，对发现的问题及时采取果断措施，做到令行禁止，在全省范围内构建起政府、企业、公众共治的绿色行动体系，海南的经济社会发展也开始摆脱房地产的制约。

三是坚定不移坚持“海陆统筹”。海南省总的地域特征是“海、南、岛”，海大岛小、位居祖国最南端。全省陆地（主要包括海南岛和西沙、中沙、南沙群岛）总面积 3.54 万 km^2，海域面积约 200 km^2。海岸线总长 1823 km，有大小港湾 68 个。为此，海南的生态文明建设，必须坚定不移地坚持“海陆统筹”，主动对接“21 世纪海上丝绸之路”和“海洋强国”战略。在对蓝色国土规划生态空间时，建立起陆海统筹的海洋生态环境保护和修复机制，强化以三亚市、三沙市为中心的海洋生态功能区建设，让全世界都知道我们不仅关注南海开发、关注经济社会发展，而且关注生态环境保护，承担着生态维护、修复的重大责任。

四是坚定不移推进“多规合一”改革。海南省的主体是海南岛，多年来形成了全省按照一个大城市来规划建设的发展思路。这对保护生态环境是非常有利的，它极大地抑制了各市县特别是生态核心区市县经济发展的内在冲动和压力。但在各部门、各市县、各种规划相互冲突的问题依然比比皆是。2015 年 6 月，中央全面深化改革领导小组同意海南省就统筹经济社会发展规划、城乡规划、土地利用规划等，开展省域“多规合一”改革试点。随后，海南积极推进“多规合一”改革，通过编制《海南省总体规划（2015—2030）》，在细化国家主体功能区规划过程中落实“全省一盘棋”理念，形成了引领全省建设发展的一张蓝图，建立了全省统一的空间规划体系，实现了各项规划的有机衔接，最大限度地守住了生态红线。同时，用省域“多规合一”改革约束和推动县域经济社会发展、城乡土地利用、生态环境保护，取得了显著成效。

五是坚定不移鼓励“多样发展”。海南省的 19 个市县建设生态文明的条件都比较好。由于所在区位不同、产业布局各异、经济社会发展程度不一，于是在生态文明建设中，就如何在坚持“环境优先”的前提下处理好与经济发展、城市建设等各方面的关系，各市县形成了各具特色的实践创新成果。如中部山区热带雨林国家重点生态功能区是以建设“国家公园”为目标的生态化发展样式；昌江“资源枯竭型城市”是以发展“绿色能源之都”为目标的新型工业化发展样式；琼海依托博鳌亚洲论坛和博鳌乐城国际医疗旅游先行区，是以“打造田园城市、构建幸福琼海”为发展目标的“三不一就”（即不砍树、不占田、不拆房，就地城镇化）发展样式；海口是以“双创”（即全国文明城市、国家卫生城市），三亚是以“双修”（即城市修补、生态修复）、“双城”（即海绵城市、综合管廊建设综合试点城市）为建设路径的现代化都市绿色发展样式；等等。这种从实际出发所呈现出来的多样化发展样式，能够极大地丰富“全国生态文明建设示范区”和“国家生态文明试验区”建设发展的形式与内容。

1.2 海南省生态文明社会建设的路径选择

海南在建设生态省的过程中积累了很多经验，但是在建设过程中也发现存在一些问题，例如海南生态经济发展不足、经济社会发展与生态环境的协调不足、区域发展不均衡等。海南充分利用生态学和生态经济学原理，统筹协调环境保护、经济发展和社会发展三者的关系，不搞“一刀切”。

在建设过程中，政府统一规划与因地制宜、突出特色相结合，政府宏观指导与社会共同参与相结合，以循环经济和绿色发展为理念，最终实现环境效益、经济效益、社会效益相统一全面健康持续发展的良好局面。这是在深入探索和把握海南发展规律基础上确定的重要战略任务，也是从海南实际出发所提出的正确路径。一是解放思想，转型升级，转变发展方式，调整产业结构；二是需要引领从资源、环境、生态、增长质量、生产方式、生活方式、社会发展等方面全方位共同发力，着重社会发展、生产方式和生活方式的转变，实现协调发展；三是需要引领各地区齐头并进，加快缩小东西部差距，实现中部崛起，补齐区域性短板。努力实现经济社会发展和生态环境保护协同共进，推动海南生态文明建设再上新台阶，让良好的生态环境更好地成为海南经济社会持续健康发展和人民幸福生活的支撑点。

第二节 海南省农村生态文明建设

2.1 我国农村生态文明建设的现状

我国是一个传统农业大国，根据第七次全国人口普查结果，内地 32 个省、自治区、直辖市和现役军人的人口中，居住在农村的人口有 50979 万人，占总人口的 36.11%。我国社会主义新农村建设需要采取有效的制度与措施来协调人口、资源与环境之间的关系。实施生态文明建设，提高农民生态文明意识，有利于减缓资源、环境对农村经济、政治、文化与社会发展带来的制约影响，推动我国经济社会的可持续发展。因此，深入研究并进行农村生态文明建设，对于进一步实现我国经济社会转型、全面贯彻落实习近平新时代生态文明建设思想、推进中国特色社会主义建设具有重要意义。

党的十八大首次提出“建设美丽中国”的概念，其意义极为深远。美丽乡村是美丽中国的基本单元，要建设美丽中国，首要任务是全面提升农村的生态环境。因此，改善人居生态环境是我国农村生态文明建设的最直接体现。我国生态乡村建设围绕“绿水青山就是金山银山”的重要思想开展，既要有经济基础，也要有文化内涵，重视挖掘和弘扬优秀地域文化，构建和谐精神家园。不循规蹈矩、搞“一刀切”，而是根据各个地方的特点，因地制宜，着力推进乡村治理、乡村旅游和特色农业，将乡村建设与旅游发展、经济发展相融合，努力实现生态乡村建设整体推进。

我国在农村生态文明建设过程中，受到众多因素的影响，主要有以下四点：一是农民受教育程度普遍偏低，广大农民的思想觉悟不高，生态意识淡薄；二是管理机制不健全、

长效机制未建立、基础设施不完善等；三是农村资金、科技投入不足，缺乏面向农村地区生态经济系统的科技支撑体系；四是污染性企业从大城市转移到农村，造成严重的环境污染。

2.2　海南省农村生态文明建设

截至2021年年底，海南省常住人口1020.46万人，非城镇常住人口为398.28万人，占全省总人口的39.03%。海南农村生态文明建设是海南从“生态省”到“生态文明试验区”建设中的重要一环。

从2000年9月起，海南省已经开始文明生态村创建工作，但是由于资金投入不足、经济结构不合理、村民对生态文明建设的主人公意识薄弱等问题，使实际建设过程中困难重重。2017年中央环保督察后，海南围绕进一步解决城乡环境做了大量工作，全面治理城乡环境“脏乱差”，推进城乡绿化、美化、净化、亮化和彩化。同时，2018年4月习近平总书记在海南建省30周年发表的“4·13”重要讲话中指出，“海南要牢固树立和全面践行绿水青山就是金山银山的理念，在生态文明体制改革上先行一步，为全国生态文明建设作出表率”，为海南进一步加强生态文明建设提供了根本遵循。

本节内容围绕海南农村生态文明建设中典型的案例进行分析，从而让读者加深对海南美丽乡村建设的了解，助推海南乡村旅游的发展。

2.2.1　海南农村“厕所革命”

党的十八大以来，习近平总书记指出，“厕所问题不是小事，是城乡文明建设的重要方面，不但景区城市要抓，农村也要抓，要把这项工程作为乡村振兴战略的一项具体工作来推进，努力补齐这块影响群众生活品质的短板”。在海南建省办经济特区30周年大会上，习近平总书记提出了“三区一中心”，其中一区即生态文明试验区，而厕所的改革也是生态文明中不可或缺的一部分。

1. 海南农村“厕所革命”概述

过去，海南省一些农村厕所建设、改造主要存在两方面的问题。一方面，农村普遍缺少现代化的公厕。现有的大量公厕缺少人员管护，公厕卫生状况十分糟糕，不仅影响到环境质量，也影响到居民的生活质量。另一方面，一些村民家中的私厕中看不中用，虽然有了现代化的冲水马桶，可是由于农村污水管网等设施不健全，废水收集循环利用体系没有得到很好的建立，村民家中的私厕解决了“入端”却没有解决“出端”，不少私厕处于半废弃状态。

2019年8月底，海南召开推进农村“厕所革命”暨环境卫生集中整治半年攻坚动员大会，正式吹响全省农村“厕所革命”攻坚战的冲锋号角。海南将在全省新建无害化厕所的同时，也探索化粪池渗漏、改厕成本过高等问题的解决办法，并加强厕所粪污的综合治理能力，包括资源化利用等方面。海南省住建厅先后开展了多项工作，包括研究制定了《全省推进农村“厕所革命”半年攻坚战行动方案》；结合国家有关标准和海南实际，提出了海南“五有厕屋+玻璃钢化粪池”，即厕屋有门、有窗、有便器、有内外批栏、有地面硬化加玻璃钢化粪池，面积不低于1.2 m^2，三格化粪池容积不低于1.5 m^3，作为海南农村改厕最基本的建设标准；根据农户不同经济条件、不同人口规模，组织设计力量编制了基本型、提升型、舒适性、公共型四种改厕设计方案，并形成《海南省农村改厕设计方案图集》，实现农村卫生厕所全覆盖；同时，配套村庄生活污水处理厂建设，杜绝污水被直接排放到自然环境中。

2. 海南农村“厕所革命”案例

海南省琼中黎族苗族自治县湾岭镇水央村，以前很多村民家里都是臭气熏天的旱厕，家里的生活污水也是通过明沟直排。县委、县政府开展富美乡村建设，帮大伙把公共厕所改造成现在的三格化粪池厕所（图4－1），每家每户厕所下面设有无动力高效一体净化槽。净化槽将污水收集，经过初步处理，然后汇入总管道排到村里的污水处理站进行处理，既干净又卫生。全村40户152人排放的污水经过污水处理厂的机器设备处理后，再经过人工湿地处理，被排到村前的小河沟里。河沟上方就是人工湿地，白色栅栏里美人蕉、菖蒲长势茂盛，朵朵红花开得格外美丽。

图4－1　海南省琼中黎族苗族自治县湾岭镇水央村公厕（来源：光明日报）

海口市秀英区美富村不仅实现了家庭玻璃钢化粪池厕所改造，村子的公共厕所也旧貌换新颜（图4－2）。在改造厕所的同时，配备了污水处理系统。美富村生活污水处理站是海南省第一个通过源头控制、小型处理达到生态化、花园化、精致化的以太阳能为动力的全自动污水处理站（图4－3）。现在美富村每户的生活污水通过管道被送到污水处理站，然后采取“太阳能微动力一体污水处理＋人工湿地”的污水处理工艺，处理后的水质达到国家一级A排放标准，可以用于灌溉、浇花等。而污水处理站周边，打造了由八格植物地组成的人工湿地，一改以往污水处理站周边气味难闻的旧象，成为人们娱乐休闲的“小湿地公园”。

海南省的“厕所革命”不仅仅解决了如厕问题，更重要的是使排泄物得到了有效处理，农村的环境卫生有了明显提高，推动了农村生态文明建设的发展。随着海南省在农村厕所改造方面投入的不断加大，海南农村厕所建设将更加完善，更有利于推动海南农村旅游项目的开展。

图4－2　海口市秀英区美富村公共厕所（来源：中新网）

图4－3　海口市秀英区美富村生活污水处理站（来源：中新网）

2.2.2　海南农村生活垃圾分类收集

党的十八大以来，习近平总书记十分关心农村环境保护工作。他强调，“中国要美，农村必须美”“要因地制宜搞好农村人居环境综合整治，创造干净整洁的农村生活环境”。农村垃圾治理，是改善农村人居环境的重要手段，是建设美丽乡村的必由之路，事关村民福祉和乡村发展。农村垃圾分类收集是实现农村生活垃圾减量化、资源化、无害化处理的重要途径，对促进经济社会可持续发展和提高居民居住环境质量具有重大意义。

1. 海南农村生活垃圾分类收集概述

农村人居环境整治，是实施乡村振兴战略的重要任务。2016 年，海南省城乡环境整治领导小组办公室印发《海南省农村垃圾治理实施方案（2016—2020）》（以下简称《方案》），标志着海南农村垃圾治理进入新的阶段。垃圾分类工作遵循因地制宜、合理布局，分步推进、创新带动，广泛动员、全民参与的三个基本原则展开。在整改初期，偏远农村每 500 人配 1 名保洁员，实施房前屋后住户自己打扫，村街道小巷由保洁员负责清理，垃圾集中堆放，由上一级部门定点清运。城中村以及城市周边农村则纳入市县环卫统一管理模式，由 PPP（Public-Private-Partnership，即政府和社会资本合作，是公共基础设施中的一种项目运作模式）环卫公司实施卫生清洁工作。

海南农村地区有其特殊性，不能完全照搬城市做法，需要探索适合其特点的分类处理模式。为进一步推进农村生活垃圾治理，加快改善农村人居环境，促进乡村振兴战略的实施，海南省住房和城乡建设厅印发了《2019 年海南省农村生活垃圾治理行动方案》，在全面推进农村生活垃圾治理的过程中，要求严格执行有完备的设施设备、有成熟的治理技术、有稳定的保洁队伍、有完善的监管制度、有长效的资金保障的“五有”要求。海南省住建厅在结合全省各市县情况及充分尊重各市县的意愿后，选择了东线、西线、中线等不同市县区域中工作积极性高、推动农村垃圾分类和资源化利用工作的意愿强、基础条件较好以及群众环卫意识较高的 15 个村庄，逐步探索出适用于不同区域的分类模式。在全省范围内对获得国家、省级卫生市县称号和创建卫生市县的地区进一步推行垃圾分类，实现美丽乡村生活垃圾分类和资源化创建工作，完善阳光堆肥房试点工作。同时，加大垃圾收集后处理设施的建设力度，新建一批垃圾焚烧发电厂和转运站，及时消纳处理收集的生活垃圾。

2. 海南省农村生活垃圾分类建设案例

在海南省农村生活垃圾分类工作中，琼中按照“分类投放、分类收集、分类运输、分类处理”的模式，结合行政村人口数量、转运距离、分类标准等因素，采取“一村（行政村）一建”的方式，修建分类收集站（阳光堆肥房和分类收集屋）、与回收资源再生企业签订长期合同意向，完善分类终端处理系统建设，有效避免了垃圾分类投放后重新混合收集处理的问题，推动再生资源循环利用。2019 年以来，琼中整合“人居环境、扶贫”等专项资金，共安排 1138.5 万元的专项资金，投入农村生活垃圾分类和资源化利用工作，确保了分类设施建设和示范村启动后正常有序运转。2020 年 8 月，住房和城乡建设部公布了 41 个县（市、区）入选全国农村生活垃圾分类和资源化利用示范县（图 4－4、图 4－5），琼中黎族苗族自治县成为海南省唯一入选市县。

图4－4　琼中县农村生活垃圾分类收集屋（来源：琼中县新闻信息中心）

图4－5　琼中县垃圾分类知识宣传（来源：琼中县新闻信息中心）

琼中县以“富美乡村”建设为抓手，以提升生态环境质量，改善农村人居环境卫生为突破口，让垃圾分类投放、分类收集、分类运输、分类处理得以落实，打造农村垃圾处理的“琼中模式”，稳步推进29个农村生活垃圾分类示范村建设，成为海南各市县学习的榜样。

海南正在积极探索实施农村垃圾全过程分类管理、加快垃圾分类终端处理设施建设、完善收集运输体系、保障分类处理体系，不断增强分类投放的认同度，逐步推进海南省农村生活垃圾分类工作，逐步实现农村生活垃圾分类和资源化利用处理全覆盖目标，让农村生态文明建设更进一步。

2.2.3　海南乡村生态旅游项目建设

生态乡村建设与生态旅游相辅相成，生态建设为乡村旅游发展提供了机会，生态旅游发展能反哺生态乡村建设。现代乡村旅游是20世纪80年代出现在乡村区域的一种新型旅游模式。我国的乡村旅游一般以独具特色的乡村民俗文化为灵魂，以农民为经营主体，以城市居民为目标市场，发展乡村旅游具有重要的经济价值和社会意义。2016年，国务院印发《“十三五”旅游业发展规划》，指出要把握机遇，迎接大众旅游新时代；坚持个性化、特色化、市场化发展方向，加大乡村旅游规划指导、市场推广和人才培训力度，促进乡村旅游健康发展；建立乡村旅游重点村名录。2019年国务院印发《关于促进乡村产业振兴的指导意见》，指出要优化乡村休闲旅游业。

1. 海南乡村生态旅游项目概述

海南省是我国唯一的热带省份，森林覆盖率高达62%，空气优良率保持在99%以上。海南省传统农业利润空间不大，发展潜力有限，而单纯依靠买地卖地盖房卖房的发展模式无法持续。因此，必须探索农村经济发展的新模式，充分利用海南农村山清水秀的天然优势。习近平总书记曾明确指出，海南要实施乡村振兴战略，发挥热带地区气候优势，做强做优热带特色高效农业，打造国家热带现代农业基地，进一步打响海南热带农产品品牌。要发展乡村旅游，打造体现热带风情的精品小镇，加快美丽乡村建设，大力将生态休闲旅游发展成为海南农村发展的主题之一。

海南乡村旅游萌芽于20世纪90年代中期，兴隆热带植物园、澄迈万嘉果园已被列入全国农业旅游示范点。在《海南省美丽乡村建设五年行动计划（2016—2020）》中，挖掘乡村旅游文化内涵，把每个美丽乡村都打造成旅游景点，把农户建筑作为一个文化小品来改造建设，形成“一村一品、一村一景、一村一韵”的乡村旅游景观，作为大力推进“生态经济”建设行动的方向之一。2017年，海南省政府印发《关于印发海南省美丽乡村建设三年行动计划（2017—2019）的通知》，启动省级美丽乡村的建设，并推送一些乡村参加全国乡村旅游重点村名录选拔。截至2021年9月，海南省共有29个村庄入选全国乡村旅游重点村（图4－6为其中之一）。

图4－6　海南美丽乡村——琼海北仍村（图片来源：府光）

海南乡村旅游发展的核心是产品，是为游客开设形式多样、内容更为丰富的旅游体验项目，应该积极开拓多元化的乡村旅游类型，针对不同的乡村旅游类型定位差别产品服务。观光型乡村旅游主要为游客提供农产品生产销售服务，以优美的田园自然风景吸引人们观光，如农家乐；而休闲型乡村旅游主要以农业资源和农牧场产品为依托，主要提供农产品采摘、农牧场和农业生产活动参观，钓鱼、徒步旅行等服务（图4－7、图4－8）。明确乡村旅游营销的关键是其品质形象，而不是硬件设施，因此，要大力发展旅游产品品牌，引领产业升级。

图4－7 琼中黎族苗族自治县营根镇朝参村（图片来源：陈若龙）

图4－8 海口市琼山区大坡镇塔昌村（图片来源：hnrb. hinews. cn）

2. 海南乡村生态旅游项目建设案例

文通村位于万宁市长丰镇西南部，是一个黎族聚居村，村庄总面积800多亩。自2009年开始创建省级文明生态村以来，文通村大力发展特色产业，依靠发展乡村休闲项目有效解决了“三农”问题，居民收入稳步提升，逐渐走上小康之路。现在的文通村完全是现代农村风貌。村庄有绿树掩映的白墙红瓦、洁净规整的村间小道、意趣盎然的休闲景点，诠释了万宁本土农村实现四个现代化的成果。每到节假日，有很多来自省内外的游客远离喧嚣的城市，来文通村体验安静清新的农家田园生活，缓解工作和生活带来的疲惫。

文通村在改造前建设毫无规划，旧砖瓦房和茅草房凌乱分布在村落里，旅游资源与其他海南乡村相比，没有突出优势。文通村通过合理规划，成功走出一条具有自身特色、乡村气息浓郁的休闲度假旅游发展之路。这与其成功的规划是密不可分的。它采取了现代与传统相结合的模式进行了改造，在享受现代化带来的便捷的同时，保留了乡村原有的特色，因地制宜，从以下五个方面多措并举地进行美丽乡村建设。

第一，导入“企业+农民”的开发模式，在进行乡村建设的基础上解决“三农”问题。现代乡村建设离不开资金的支持，文通村与海南梦想休闲农业有限公司以土地入股、企业投资、营利分红的村企合作开发的模式进行美丽乡村建设，引领村民脱贫致富。通过对文通村进行规划设计，成功将该村打造成以热带田园为生态基底、以自然与民族风情融合为特色的美丽新乡村。

第二，传统与现代文化的结合，凸显黎族文化传统。时代在变迁，黎村的生活也在不断随着时代进步。在房屋建设上，全村统一规划，把简陋敝旧的瓦房、茅草房统一改造成美观牢固、具有浓郁黎族风情特色的楼房、平房，建筑上点缀着甘工鸟图案和民族图腾表达着对祖先的敬意。注重细节打造，路灯用黎族的大力神图腾作装饰，垃圾桶用黎锦的图案修饰，处处体现着传统与现代文化的结合。村内继续保留传统古法种植水稻，从种植到收割的全过程，都严格按照老祖宗的耕作方式，不用现代机械和化肥农药，生产出最纯净的稻米供自己以及游客食用。

第三，对本土资源进行深度挖掘，利用自身优势，突出地方特色，打造山、水、林、田生态系统。依托兴隆旅游区的大开发，深度发掘文通村的区位优势，将该村纳入兴隆绿道休闲体系建设，打造海南热带乡情文化。对黎族传统资源进行保护性开发，在延续文通村的乡情风土、打造乡村风情体验的基础上，进一步延伸热带旅游文化和热带农业文化，因地制宜地修建一批新的村庄绿道和休闲景点。村内随处可见挺拔的槟榔树，在房前屋后和道旁广泛栽种黄蝉、小叶龙船、垂榕等各色花木，穿行村中随处都可感受自然与民族风情的融合。

第四，对接市场新潮流，发展休闲农业产业，构建旅游休闲聚集地。以淡水垂钓基地、稻田湿地为环境本底创新休闲游憩方式；引入淡水垂钓基地、田园休闲度假生活方式。发展建设以休闲度假为核心，集农业观光体验、特色餐饮、农家垂钓、乡村休闲度假、咖啡种植体验、农家乐等乡村游项目于一体的热带乡村休闲度假典范。

第五，政府全力扶持，推动农村振兴。万宁市政府大力支持文通村文明乡村建设，在文通村开展了村容村貌美化、土地绿化、街道净化三大行动，引导村民改变传统生产生活方式。村内修建污水收集处理系统和人工湿地景观工程，集中布局、定点建设猪栏、鸡舍

圈养家禽家畜。

通过对该村进行规划设计，现在的文通村已被成功打造为以热带田园为生态基底，以乡愁意境为开发理念的现代休闲旅游乡村典范，成为省内外旅客来海南游玩的新目的地之一。

2.3　海南省农村生态文明建设经验

海南省在农村生态文明建设方面取得了长足进展，许多生态环境良好的村庄已经成为省内外甚至是国外游客青睐的休闲旅游地。海南在生态文明农村建设中取得的成绩，与国家政策的正确指引和全省上下的共同努力是分不开的。海南在生态农村建设方面不循规蹈矩搞模式化建设，而是因地制宜，根据每个乡村的特点，打造具有地方特色和人文风情的现代化旅游休闲地。现将海南省农村生态文明建设中的经验进行总结，以期对其他省市农村生态文明建设起到借鉴作用。

1. 加强生态文明教育工作的开展

农民是农村生态文明建设的主要实施者，他们的观念和理念的转变对生态文明建设过程起着举足轻重的作用。因此，非常有必要加强生态文明宣传教育工作。培养农民的生态理念，引导农民自觉践行绿色环保的生产、生活、消费方式，形成健康的生产生活方式。在此基础上，培养一批农村生态文明建设人才，引领农民全面发展，加快生态乡村建设。

2. 加强农村生态环境保护公共服务建设

针对过去农村生活污水排放不规范、垃圾乱丢弃等问题，加强生态环境保护公共服务建设。落实城乡公共服务均等化，提高农村公共服务的水平，强化对农村地区环保基础设施的建设和投放，逐步完善农村的公共服务设施，使每个行政村都配备完善的生态环境保护的基础设施。改造农村排水系统和垃圾回收处理系统，农村垃圾、污水、危险废物统一集中处理，加强生态环境保护，实施资源循环利用。

3. 发展特色乡村生态旅游产品，在发展中解决“三农”问题

生态乡村建设与生态旅游相辅相成，生态建设为乡村旅游发展提供了机会，生态旅游发展能反哺生态乡村建设。乡村旅游发展的核心是产品，为游客开设形式多样、内容丰富的旅游体验项目，积极开拓多元化的乡村旅游类型，针对不同的乡村旅游类型定位差异化产品服务。明确乡村旅游营销的关键是其品质形象，而不是硬件设施；大力发展旅游产品品牌，引领产业升级。在发展中引领农民发家致富，改善农村过去贫穷落后的局面。

4. 合理规划基础建设，营造现代与传统相结合的、生态和谐的人居环境

要将农村建设与旅游发展、经济发展相融合，实现整体推进，必须从居民居住条件改善、旅游发展需求及公共服务等方面向城市看齐。加强供水、供电、能源、道路等基础设施建设，在完善性能的基础上充分体现乡村特色；规划人居环境建设，住房、交通等要综合考虑各项设施的配置和标准，既要符合现代化的要求，又要考虑到乡村的长远发展。同时，要将优良的文化传统加以继承和发扬光大，并在村落规划建设中体现出来，不仅有利于提高居民的传统文化自豪感，也能让游客在游玩中了解村落的历史文化传统。

第三节 海南省生态文明城市建设

生态文明城市是一个以人的行为为主导、自然环境为依托、资源流动为命脉、社会体制为经络的"社会—经济—自然"的复合系统，是资源高效利用、环境友好、经济高效、社会和谐、发展持续的人类居住区。生态文明城市立足于推动落实科学发展观和生态文明建设，正确处理经济发展与资源节约、环境保护的关系，是揭示当今世界快速城市化和城市人口加速增长的背景下，建设山清水秀、环境优美、生态安全、人与自然和谐相处的新型城市。

自贵阳获批全国第一个生态文明示范城市后，我国正式开启了生态文明城市建设的步伐。同济大学可持续发展与新型城镇化智库 2019 年 12 月 29 日发布的《中国城市可持续发展绿皮书》显示，2012 年以来，我国 35 个大中城市可持续发展轨迹虽出现波折，但均呈现出竞跑式发展特征，我国大中城市正进入生态文明建设新时期。

3.1 海南省生态文明城市建设概况

海南省主要的大城市有两个，即具有旅游度假天堂之称的三亚市和海南省会城市海口市。自海南建省以来，两座城市都取得了飞速的发展，但是也不可避免地出现了一系列城市化问题，成为制约经济社会持续发展的瓶颈。为了治理"城市病"、破解城市发展难题，三亚市和海口市遵循城市发展规律，根据自身特点，选取了不同的生态文明城市建设和改造方式。

2015 年，三亚市按照国家住建部的要求，举全市之力推进生态修复、城市修补的"双修"工作，整治城市发展乱象，推动城市转型升级，实现从"乱"到"治"的重大转变。三亚市"双修"工作的重点在于推进山、河、海岸的生态修复，而城市修补则主要涉及城市形态、轮廓天际线、建筑色彩风貌、城市广告牌匾、城市绿化景观、城市夜景亮化、拆除违规建设七大方面，重点围绕"一湾（三亚湾）两河（三亚河、临春河）三路（凤凰路、迎宾路、榆亚路）两线（绕城高速、高铁沿线）"展开。三亚市通过"双修"工作，城市建设布局更加合理、功能更加完善、生态更加和谐、环境更加优美、特色更加鲜明、管理更加高效，迈入了精品旅游城市之列。

为了与省内兄弟城市同步发展，彰显国际旅游岛中心城市、"首善之城"的地位，2015 年 7 月，海口市举行了创建全国文明城市和国家卫生城市动员大会（以下简称"双创"），举全市之力、集全民之智，打一场"双创"攻坚战。全市上下迅速行动起来，从城乡环境卫生治理、道路交通秩序治理、日常市容市貌治理、生态环境综合治理、公共安全秩序治理、城乡公共卫生治理六大方面进行建设。通过三年的建设，海口市不仅拥有蓝天白云、椰风海韵，还有干净的大街小巷、文明的社区景区，更有热情善良的市民、高效贴心的服务、便捷的生活环境、饱满的城市活力。2017 年，海口市"双创"建设工作顺利通过国家相关部门的验收，拿到"全国文明城市"和"国家卫生城市"两块金字招牌。

海南省两座主要的城市虽然治理方法各有特点，但是最终取得的效果是相似的，就是

人居环境改善，生态文明程度提高。下面我们以海口市为例，对海口市厨余垃圾收运、“厕所革命”等典型生态文明建设案例进行论述。

3.2　海口市厨余垃圾收运

海口市在城市生活垃圾分类收集方面采用环卫综合一体化 PPP 项目模式，大大提高了海口市环卫作业机械化程度，海口市环境卫生管理水平得到了有效改善。厨余垃圾是城市生活垃圾的组成部分之一，因其组分的独特性，故以海口市厨余垃圾收运为案例进行介绍。

3.2.1　厨余垃圾的概念及其危害

厨余垃圾是指居民在日常生活及食品加工、饮食服务、单位供餐等活动中产生的垃圾，包括丢弃不用的菜叶、剩菜、剩饭、果皮、蛋壳、茶渣、骨头等，其主要来源为家庭厨房、餐厅、饭店、食堂、市场及其他与食品加工有关的行业。厨余垃圾的危害主要体现在以下三个方面。

第一，厨余垃圾含有极高的水分与有机物，很容易腐坏，产生恶臭，影响市容市貌和人居环境。同时，有机物也为病媒生物提供了生长的物质基础，造成病媒生物的滋生和疾病的传播。

第二，利用厨余垃圾饲喂的猪，即人们俗称的“泔水猪”，不利于人类健康。由于厨余垃圾来自各行各业，成分复杂，尤其是有些因收集不及时，发生酸化、发霉甚至腐坏；特别是厨余垃圾掺杂有机化合物和苯类化合物，被猪食用后，有害物质会蓄积在猪的脂肪和肌肉组织中，然后通过食物链传递到人体内部。人食用该类猪肉达到一定量后，会导致肝脏、肾脏等器官的系统免疫力下降甚至其他病变。

第三，厨余垃圾中的废弃食用油再回收。在暴利的驱使下，一些不法商贩回收厨余垃圾中的潲水，通过加热、过滤、蒸馏等手段提取油脂，俗称“地沟油”。这些油脂通过不同渠道流入一些食品加工厂或者餐馆，长期食用会造成肿瘤等慢性疾病，严重危害人体健康。

3.2.2　海口市厨余垃圾回收处理

厨余垃圾处理是垃圾分类中的重点，也是全省垃圾分类工作中的难点。随着海口市城市化的发展和居民生活水平的提高，海口市厨余垃圾量日益增大。如何使厨余垃圾变废为宝，减少厨余垃圾对城市环境、饮食健康等造成的危害？海口市政府制定了相应的法规政策，加强厨余垃圾收集管理，实现厨余垃圾的资源化，避免其流入不法分子手中；经过妥善处理和加工，可转化为新的资源，利用其有机物含量高的特点将其进行严格处理后可作为肥料、饲料，也可产生沼气用作燃料或发电，油脂部分则可用于制备生物燃料。同时，对厨余垃圾进行单独收集，可以减少进入填埋场的有机物的量，减少臭气和垃圾渗滤液的产生，也可以避免水分过多对垃圾焚烧处理造成的不利影响，降低对设备的腐蚀。在海口市进行“双创”建设期间，厨余垃圾无害化处理是一项重点工作，政府高度重视厨余垃圾的收集工作，采取多种措施使海口市厨余垃圾开始走上正规处理之路。

1. 启动餐厨废弃物无害化处理 PPP 项目

2015 年，海口市启动厨余垃圾无害化处理项目，该项目以 PPP 模式建设，总投资

6721.12 万元，设计处理能力为 200 吨/日，于 2016 年 11 月建成并投入运行，海口开始具备了厨余垃圾资源化、无害化处理能力（图 4 -9）。厨余垃圾的处理程序分为垃圾分选、厌氧发酵、沼气提纯和污水处理四个环节。发酵出的沼气经过提纯，甲烷含量在 97% 以上，现在海口市运行的许多垃圾收运车和公交车均在使用处理厂产出的沼气（图 4 -10）；厨余垃圾发酵过程中产生的废渣运到海口生活垃圾焚烧发电厂焚烧发电，价值不大的则填埋；产生的废水运往海口渗滤液处理站进行处理。厨余垃圾整个处理过程属于无害化处理，对餐厨垃圾“榨干取尽”，且没有二次污染。

图 4 -9　海南澄迈神州车用沼气有限公司航拍图

图 4 -10　海南澄迈神州车用沼气加气站

2. 探索厨余垃圾就地资源化处理

随着海口城市的发展以及厨余垃圾收运工作的有效开展，目前海口市从餐饮企业和食堂清运的餐厨垃圾就已接近 300 吨/日，已超出 PPP 项目 200 吨/日的厨余垃圾处理能力。对此，海口探索建立了餐厨垃圾终端处理点的智能环保屋，让厨余垃圾就地“消化”。该种厨余垃圾处理模式不仅在源头上实现了餐厨垃圾减量化，还减少了收运和处理难度且降低了成本。

在美兰区东风桥垃圾转运站旁试运行的智能环保屋（图4－11），配备有一台日处理能力为2吨的一体式厨余垃圾处理设备，就地收集附近居民产生的厨余垃圾并进行处理，产生的优质有机肥用于种植花草树木，厨余垃圾源头减量率达到85%以上。尤其是该处理设备安装有静音和净味系统，对周边居民生活产生的影响较小。设备操作简单，只需把厨余垃圾桶放到机器前方的装置上，桶内垃圾就会自动倒入设备箱体内，搅拌均匀后，利用微生物气化处理技术经过24小时发酵转化为肥料。装配的厨余垃圾微生物分解气化处理机可实现厨余垃圾当场、当日处理完毕，减少了二次转运过程中产生的污染，降低了运输和再处理成本，对解决垃圾就地资源化、无害化处理的难题和改善城市环境起到了很大的帮助作用。该项目正在海口市进行试点运行，根据运行情况后续进行全省推广。该项目的推行，极大缓解了海口市因为城市发展带来的厨余垃圾处理的压力。

图4－11　智能环保屋

3.2.3　海口市厨余垃圾回收管理

海口市餐厨废弃物无害化处理PPP项目的顺利实施与海口市对厨余垃圾收集的严抓共管以及企业提升服务质量密切相关。

1. 对餐饮企业多措并举，加强回收管理

政府协助企业采取多重举措，让各单位各企业配合处理厂收集餐厨垃圾，除了促成餐饮企业、单位和处理厂签约，更重要的是要阻断餐厨垃圾不合法的流通渠道。海口市健全城管、公安、市场监督、环保等多个部门联动机制，加大整治力度，保障厨余垃圾的回收处理。2021年厨余垃圾处理量达到400吨，签订厨余垃圾回收协议单位基本实现海口市全覆盖。

建立健全餐厨垃圾管理网络，实施餐厨垃圾特许经营、分类排放、工作台账、转移联单等各项管理制度的同时，颁布《海口餐厨废弃物收运及处理专项整治工作方案》和施行

《海口市餐厨废弃物管理办法》（以下简称《办法》）。其中，《办法》第25条规定，未取得相关许可的单位或个人从事餐厨废弃物收集运输、处置活动的，最高将面临5万元罚款，这为海口严打不规范排放餐厨垃圾、非法收运处置餐厨垃圾等违法行为提供了法规依据。

2. 加强配套，提升收运转化能力

在厨余垃圾终端处理方面，按照“大分流、小分类”的原则，海口市正系统谋划垃圾分类处理设施建设项目。在餐厨废弃物资源化无害化处理方面，完成对颜春岭餐厨废弃物无害化处理厂进行扩建，新建“400吨/日餐厨 + 500吨/日厨余”，预留处理能力为500吨/日的扩建空间，2022年年底前厨余垃圾处理能力达到1400吨/日。

在厨余垃圾收集方面，企业努力提升服务质量和设施配置。PPP公司配置专业厨余垃圾回收车辆（图4－12），该车辆具有机械化操作的特点，并进行密封性打造，避免了运输途中的滴冒撒漏现象；同时，专业人员上门回收单位产生的厨余垃圾，并协助清理卫生。社区环保屋则在加强厨余垃圾分类收集、宣传教育的同时采取奖励的方式，每月对垃圾分类减量突出的居民进行月度表彰奖励，以提高居民对厨余垃圾分类的积极性。

图4－12　厨余垃圾收运专用车

相信随着可持续发展和生态文明理念在基层的进一步推广，海口市垃圾分类工作将做实做细，在城市生活垃圾分类收集以及减量化处理方面取得更大的成绩。

3.3　海口市“厕所革命”

公厕卫生是衡量城市公共文明的重要标尺，也在民众生活中扮演着“救急”的角色。海口市作为海南省省会城市，人口集中、外来人流量大，公厕建设是城市发展的需要。在海口市进行“双创”打造前，公共厕所建设相对落后，卫生保洁也很不到位，给海口市带来一定的负面影响。作为国家卫生城市考核指标之一，公共厕所的改造是海口“双创”工作的重要环节。按照“布局合理、数量充足、设施完善、管理规范、卫生清洁”的公厕服务体系，提升公厕卫生环境、服务水平，发扬“钉子精神”补齐民生短板。海口的“厕所革命”助力了城市文明建设，为市民提供了贴心的便利，全市公共厕所品质、形象和管

理达到国内领先水平。

海口市“厕所革命”采取的措施包括以下三个方面。

1. 增加公厕数量

公厕建设数量要充分考虑城市发展、街道分布、固定居民和流动人口的变化情况，由于受公厕建设地址选择的限制以及周边居民的反对，海口市在“双创”开展之前公厕数量是远远不够的，晚上甚至白天经常看到有人跑到绿化带等隐蔽地区解决内急。公厕数量及分布作为“双创”考核指标，海口市下定决心解决该问题：一是通过改造原有公厕和建设现代化公厕，提高厕所服务质量；二是鼓励和倡导符合条件的沿街机关、企事业单位、商业街、宾馆饭店等机构对外免费开放本单位内部厕所，安装导示标牌，统一纳入城市公厕云平台管理系统（图 4－13、图 4－14、图 4－15）。

图 4－13　海口市路边街头最常见的移动公厕

图 4－14　人流集中区公厕

图 4 – 15　旅游景点公厕

2. 推进公厕升级改造

在公厕建设上，海口市不仅重视数量，更注重服务质量。城镇公厕要按比例配备男女厕位，完善无障碍设施，增设第三卫生间、母婴设施、儿童如厕设施等。进一步创新和优化公厕设计，外观上要体现地方文化特色和时代感，对电器开关、管道阀门、门窗把手等进行人性化、智能化改造。万绿园“第 5 空间”固定公厕是海口市建设的第一批现代化公厕（图 4 – 16），一改以往的形象和只能“解决内急”的单一功能，这里增加了自动存取款机及缴费机、新能源汽车充电桩、再生资源智能回收机、无线网络覆盖、电商终端、自动售水机等便民服务基础设施；同时，“第 5 空间”借助自然光，提升了室内亮度和舒适度，新增第三卫生间，专为残障人士、老人以及母婴如厕设计安装了各类设施，室内安装了空调；厕所还配建了环卫工人休息间和淋浴室，专门为“第 5 空间”的保洁人员以及周边环卫工人提供休息场所。环卫工人饮水难、吃饭难、休息难、淋浴难的问题得到了有效解决，环卫工人也可穿上干净衣服上下班，这一举措为其转型为现代产业工人创造了条件。“第 5 空间”还采用先进的绿色低碳循环处理技术，解决粪尿直排污水管道造成的二次污染问题。采用先进的水处理技术，使洗手池、地漏、淋浴间的废水就地处理，循环利用。同时，利用负压技术和循环处理技术，单次使用节水量超过 90%。为解决粪尿直排和资源化利用问题，“第 5 空间”使用了专业设计的便器，实现粪尿分类回收与就地处理，实现污废零排放。

图 4 – 16　万绿园“第 5 空间”公厕（来源：中新网）

3. 完善公厕标识引导体系

提高公厕导识系统的覆盖度和识别度，做到立面导识和地面导引相结合，全市所有独立式公厕均须安装夜间指示灯箱。加快“互联网 +”公共厕所建设，推动城市厕所数据和“椰城市民云” App 的互联互通，达到能够利用手机找到周边公厕的要求，开通公厕在线评价功能。

海口市通过城市“厕所革命”，改善了过去如厕难的问题，完善了旅游城市配套设施，让外来旅游人员和本地市民在身心轻松的状态下旅游、购物，为提升海口市城市形象和促进城市的经济发展起到了不可忽视的作用。

3.4　海南省生态文明城市建设经验

海南省生态文明城市建设取得了令人瞩目的成绩，但是在建设摸索过程中也走了很多弯路。现将海南省城市生态文明建设中的经验进行总结，以期对其他城市生态文明建设起到借鉴作用。

第一，重视制度法律体系建设。海南省海口市和三亚市在生态文明建设中都高度重视完善生态立法机制，修订完善了生态文明建设的相关制度、法律法规，建立健全了生态文明的政策方案，从制度上保障了生态文明的推进，并且严格执法深入贯彻执行，做到有法可依、执法必严。

第二，制定科学的战略实施规划。海口市和三亚市因地制宜，根据自身的城市特点，采用不同的城市改造模式，制定特色的生态文明城市建设规划；制定长远的、客观科学的、可操作性强的生态文明城市战略规划，以此指导生态文明城市建设的具体实践。

第三，积极发挥政府主导作用，落实政府生态职能。生态文明城市的建设需要政府提供公共产品和服务，需要政府积极履行生态职能，落实生态责任，发挥其在生态文明建设中的主导作用。从海南两个城市的建设经验来看，地方政府的主导责任是生态文明建设的关键，要通过政府的有力引导，发动社会各阶层和组织积极参与。

第四，注重培育和引导公民生态文明意识，发动全社会共同参与。海南省城市生态文明建设经验表明，要培育生态文化，就要通过教育、宣传、培训等手段来培养社会公众、企业的生态文明意识，提高社会公众对生态文明的认同，将生态文明理念融入日常的生活，养成自觉履行生态责任义务的行为习惯；同时，坚持以人民为中心的城市发展思想，始终将人民利益放在首位，充分发动全社会多元主体参与到生态文明建设中来。

思考题

（1）生态文明社会建设的内涵是什么？

（2）海南省生态文明社会建设取得的经验有哪些？

（3）海南省生态文明社会建设需要改进的地方有哪些？

第五章 海南省生态文明经济建设

要点导航：

（1）掌握海南省生态文明经济建设的现状。

（2）熟悉传统农业、工业和旅游业面临的挑战。

（3）了解海南省农业、工业和旅游业的发展现状。

建设生态文明，是中华民族永续发展的千年大计。面对资源约束趋紧、环境污染严重、生态系统退化的严峻形势，我们必须树立尊重自然、顺应自然、保护自然的生态文明理念，把生态文明建设放在突出位置，融入经济建设、政治建设、文化建设、社会建设各方面和全过程，其中经济建设是建设生态文明的物质保障。传统的不顾生态环境一味追求经济增长的模式，在浪费了大量资源的同时，也造成了生态环境被破坏，完全相悖于生态文明经济的绿色发展理念。生态文明经济建设意味着经济与环境保护协调发展，是我国繁荣发展的基础。

2019 年 5 月，中央办公厅、国务院办公厅印发了《国家生态文明试验区（海南）实施方案》（以下简称《方案》）。《方案》要求进一步发挥海南省生态优势，深入开展生态文明体制改革综合试验，建设国家生态文明试验区。把生态优势变成经济优势，调整产业结构和转变经济增长方式，培育壮大旅游业、现代服务业、热带高效农业和高新技术产业，高质量发展是实现生态文明绿色经济发展的有效方式。

第一节　海南省农业生态文明建设

农业是国民经济的基础，是人类的衣食之源、生存之本。随着经济和社会的不断进步，化肥、农药大量用于农业生产，使传统农业取得了巨大的成就。与此同时，也出现了严重的农业生态环境问题。此外，随着人们健康意识的提高，人类对绿色产品的生产和生态环境的保护越来越关注。

我国是农业大国，海南省又是一个农业大省。农业是海南特区经济建设的基础，要发展海南热带特色农业，除了要增加农业投入外，还要注重保护农业生态环境，实现现代农业向生态农业的转变。当前，海南省正处在生态省建设与发展的关键阶段，热带特色旅游资源开发和新农村建设正在稳步推进，因此，应不断提高农业农村经济社会发展水平，大力发展生态农业，实现农业发展的经济效益和社会效益。

1.1　海南省农业概况

海南省地处中国最南端，属热带海洋季风气候，光温充足，光合潜力大，四季常绿，素有“天然大温室”之美誉。物种资源十分丰富，是发展热带特色高效农业的黄金宝地。海南是我国最重要的天然橡胶生产基地、农作物种子南繁基地、无规定动物疫病区和热带农业基地。全省土地总面积 353.54 万公顷，占全国热带和亚热带土地面积的 42.5%，其中耕地面积 76.9 万公顷，占全省陆地总面积的 21.8%。全省总人口 817.8 万人，其中农业人口 560 万人，占总人口的 68.5%。近年来，海南省贯彻实施“一省两地”发展战略，

不断强化农业的基础地位、首要地位和支柱地位，以市场为导向；以资源为依托，积极推进农业和农村经济结构的战略性调整，大力发展市场农业、绿色农业和科技农业，推进农业产业化经营，不断提高农业整体素质，农业经济快速发展。优势产业发展、情况独特的自然资源和良好的生态环境，决定了海南农业的多元结构和鲜明特色。虽然近些年海南农业的发展有了长足的进步，但还是面临着诸多挑战。

1. 市场竞争的压力

一方面，2010 年中国—东盟自由贸易区成立后，根据《中国—东盟全面经济合作框架协议》规则，中国从东盟进口的农产品关税为 0，东盟各国热带农产品可以更低的价格和更优的品质进入中国市场；另一方面，随着农业科学技术的研发推广以及设施农业的快速发展，国内非传统意义上的热带农业主产区以其规模化、产业化和品牌化的发展优势，不断降低生产成本，进一步加剧了对海南农产品市场的冲击。

2. 供求关系变化的影响

随着热带农产品供给的增加，热带农产品市场已演变为由稀缺到供求平衡再到丰年有余，加之寒流等气候变化因素的影响，广西、广东、云南、四川、贵州等地的农产品与海南同期上市，海南反季节的优势体现不出来，导致海南热带农产品“丰产不丰收”“增产卖难”的困境。

3. 土地资源短缺且质量不高

《海南省第二次土地调查主要数据成果的公报》调查结果显示，海南人均耕地 1.27 亩，较 1996 年人均耕地 1.6 亩有所下降，低于 1.52 亩的全国平均水平。由于海南多年高达 200% 左右的复种指数，使得地力下降，土壤有机质平均含量仅为 2.08%，为三级水平，一等质量耕地占比仅有 5.2%，二等耕地占比 24.1%，70% 以上为三至六等耕地，98.18% 的耕地酸度偏高。

4. 环境污染与自然灾害

随着经济社会的快速发展，海南农业发展过程中来自金属矿山开采带来的重金属污染；农药化肥过量施用、地膜残留、农业废弃物、工业企业排污所造成的土壤污染；农村小而散的禽畜养殖场随地排污对生态环境的污染等，造成海南农业面源污染日益严重。同时，受热带海洋气候的影响，海南农业发展一直受到热带风暴灾害性天气的严重影响，导致农作物受损减产。此外，热带风暴引发的群发性灾害导致土壤质量下降、农田基础设施破坏、海水倒灌农田受淹造成了巨大的农业经济损失。如 2014 年超强台风“威马逊”，造成海南全省 18 个市县 216 个乡镇（街道）受灾，受灾农作物面积 16.30 万公顷，直接经济损失 119.5 亿元。

2009 年出台的《国务院关于推进海南国际旅游岛建设发展的若干意见》和 2016 年出台的《关于加快发展农业循环经济的指导意见》，进一步坚定了海南走农业可持续发展道路的步伐。从 2017 年 1 月 17 日起，农业部和海南省人民政府签署了《农业部海南省人民政府关于共同推进海南生态循环农业示范省建设合作备忘录》，在“十三五”期间，农业部将与海南省政府共同打造海南特色农业生态循环体系，把海南打造成全国生态循环农业示范省。2018 年，国务院批复同意设立中国（海南）自由贸易试验区，印发《中国（海南）自由贸易试验区总体方案》，再一次强调海南要始终走生态绿色发展模式。除此之外，海南绿色农产品在当前市场中的认可程度逐渐提升，而且人们对其的需求也在大幅增加。海南省大力发展绿色生态农业不仅符合我国的方针战略以及相关政策，同时也有利于当地农业经济的进一步提升，具有极强的必要性。

1.2 海南省生态农业发展现状

经过多年发展，海南生态循环农业初步构建了示范带动体系，积极探索形成了“猪—沼—果”、林下经济等一批成功的发展模式，初步建立并实行了耕地保护、节约用地、自然资源管理等多项制度，强化了对农业废弃物的有效利用，有力弥补了传统农业结构的不足，建造了一系列农业副业，提高了海南农业的市场竞争力。截至 2017 年年底，海南基本划定了畜禽养殖三区，设定禁养区 218 个，累计关停 560 家养殖场，改造基础设施 297 家；实施并建设沼气大工程 209 个，其中海南澄迈神州规模化生物天然气工程项目的废弃物“收集—运输—处置”一体化运行模式，被评选为 2017 年首批全国“畜禽养殖废弃物资源化利用集中处理示范基地”；实施化肥农药减施增效工程，投入资金 4867.60 万元，大力推广测土配方施肥技术，进行生物肥料、缓控释肥等新型肥料试验示范；实施田间废弃物回收利用工程，建立废旧农膜再利用加工厂和田间废弃物回收网点，先后累计对 9840 吨废旧农膜等进行加工再利用，回收 268 吨废旧农药包装物；推进秸秆禁烧和五料化利用，开展秸秆青贮饲料试点；实施重大农作物病虫害防控工程，创建防控试点，建设健康种苗繁育和检测体系，对槟榔黄化病、香蕉枯萎病和柑橘黄龙病进行有效防控。2018 年，在屯昌县举办的第九届海南农民博览会的主题就是“循环、绿色、品牌、农业”，其绿色农产品和生态农业用具均取得了较好的成绩。据统计，该场农博会人流量高达 19.9 万人次，现场销售额达 1061 万元；签订订单 23 宗，交易金额共 14.34 亿元。2019 年，海南省生态总站的相关人员深入屯昌县屯城镇海南嘉乐潭公司种植基地考察督导农业农村部支持的农村能源综合建设项目。该项目以绿色生态循环农业发展为指导，依托屯昌县生态循环农业示范县创建基础，以此来达到改善种植园农业生态环境、提升土壤地力的目的。

1.3 海南省生态农业建设案例

屯昌县位于海南省中部偏北，地处五指山北麓，辖区面积 1231.5 km^2，总人口 31 万人。距省会海口市 80 km，属“海口一小时经济圈”。东与定安县、琼海市接壤，南与琼中县交界，西北与澄迈县毗邻，素有“海南中部门户”之称，是中部交通枢纽。屯昌县常年阳光充足、雨水充沛，气候宜人，拥有孕育现代农业发展的有机富硒土壤，是发展农业产业化、规模化的坚强堡垒，是海南特色农副产品的主产地之一，享有“槟榔之乡”“沉香之乡”“黑猪产业之乡”“苦瓜之乡”和“水晶之乡”等美誉。得天独厚的气候条件和区位优势，使得屯昌县具备了大力发展生态循环农业的先天条件。

屯昌县结合自身区位特点、立足农业资源优势，重点从土地生产资料提升、养殖污染源治理、生态循环示范建设、农业生产废弃物处理、循环农业管理与技术体系建设、产品市场体系建设和人工湿地建设、培育新型农业主体八个方面进行建设，取得初步成效。据统计，2016 年屯昌县完成地区生产总值 64.44 亿元，同比增长 7.7%；城镇常住居民人均可支配收入 24745 元，农村常住居民人均可支配收入 11274 元，分别同比增长 8.6% 和

9.6%。升级改造45家畜禽规模养殖场，新建96个农村生态养殖小区及43个林下养殖小区，建成海航国家农业公园、罗牛山循环农业示范区等四个可示范、可复制的区域示范区和35个种养结合生态循环示范基地。屯昌县被海南省农业厅列入海南省首个现代生态循环农业发展试点县，被农业部认定为全国第3批国家现代农业示范区。

1. 生态循环农业模式基本成型

通过近几年的努力，屯昌特色生态循环农业得到快速发展，依托屯昌黑猪、屯昌香鸡等产业优势，按照结构优化、布局合理、产业融合、功能多元的要求，构建起“种养一体、农牧结合、产业融合”的现代农业体系。在产业发展上采取种、养、加立体配套耦合的模式。以农牧、林牧相结合的模式，发展“猪—沼—果”“猪—沼—瓜菜”“猪—沼—热”等物质循环利用模式。以林下种养相结合的模式，发展“橡胶（槟榔、马占、荔枝等）林下养家禽—粪便就地还田”及林下套种益智、竹荪等产业主体复合模式；在区域普及上采取点、线、面结合模式，以建成的华美有机肥厂、病死畜禽无害化处理中心、农业废弃物回收站为核心，打造生态农业县域大循环。以建成海航国家农业公园示范区和枫木洋水肥一体化示范区等为标准，打造区域中循环。以建成罗牛山畜禽规模场为中心的种养结合生态循环示范基地为蓝本，打造种养结合主体小循环；通过推广农牧、林牧、林下种养相结合的模式，结合沼气发电、猪舍保温、饲料加工、有机肥料生产，使原料和废弃物利用循次渐进、首尾相接，实现养殖场内产业链封闭式循环，达到零排放，并涌现一批规模绿色农产品生产基地，拓展了农业发展空间（如图5-1所示）。

图5-1 屯昌茂昌养牛合作社的养牛场里，工人正在喂牛并准备收集牛粪用于养殖蚯蚓（图片来源：《海南日报》）

2. 畜禽粪污治理效果显著

2015年，按照零排放要求，屯昌县45家规模养殖场统一进行了环保改造。通过发展种养结合生态循环农业，实现畜禽排泄物资源的利用，铺设管网将畜禽沼液送到农田，有效减少化肥施用和养殖排泄物污染，把“两害”变“一利”，屯昌县畜禽规模场和养殖小区畜禽粪污综合利用率达95%以上。2016年，先后动工建设农村生态养殖小区96个、林下养殖小区43个，周边配套建设大中型养殖场（小区）配套沼气项目61个，年沼液沼渣利用量69万吨，实现资源合理开发利用与农村环境保护协调统一发展，全面解决畜禽规模养殖场污染问题。

3. 产城融合循环示范初具规模

屯昌县将“产城融合”与“屯昌县域生态循环农业”两大战略进行有机结合，进一步调整了产业结构，有效地促进了农业供给侧结构性改革。2016年9月，国家发改委将屯昌县产城融合示范区列为全国试点，吸引了海航集团旗下大集控股公司投资4.38亿元建设大集食品加工产业园（一期项目为中央厨房），吸引了太极集团投资4.6亿元建设海南南药制药项目，通过大企业、大项目进驻，进一步带动核心原料及瓜果蔬菜的种植，提高农产品加工精深度、补齐屯昌工业短板。2016年，屯昌共建设高标准基本农田面积0.087万公顷、水肥一体化示范基地0.41万公顷、改良土壤0.133万公顷，建成海航国家农业公园等4个生态循环农业示范区，以及坡心利富牛大力基地等35个种养结合生态循环示范基地。

4. 初步建立农业废弃物综合利用体系

按照循环经济的要求和“一控二减三基本”的原则，有序推进农业生产资源的循环利用、农业废弃物资源化利用。印发《屯昌县“十三五”农田生产废弃物处理项目实施方案》，建成废弃物回收站2个、废弃物回收示范点7个，覆盖枫木洋等田洋基地0.103万公顷。与海南天明农业环保科技有限公司签署协议，回收处置、加工再利用废旧农膜、农药包装物等农业废弃物，建立完善的农业废弃物回收处置市场化运行机制。引进浙江悟能环保科技发展有限公司建设屯昌县病死畜禽无害化处理中心及镇级病死畜禽收储站，在海南省率先采用“热解炭化”技术对畜禽进行无害化处理，实现清洁化生产；引进华美有机肥公司在养殖密度较大、交通便利的区域建设年产10万吨有机肥厂，重点处理45家规模养殖场产生的畜禽废弃物。采取“企业运营、政府扶持、社会参与”的组织运行方式，统筹处理畜牧业养殖粪污、农作物秸秆、农村生活垃圾等废弃物资源，有效遏制农业面源污染加剧的趋势，促进了畜禽粪污、病死动物、秸秆、农膜和农药包装物等转化为农村清洁能源和有机肥源。

5. 制度体系政策机制基本确立

近年来，屯昌县出台一系列政策和制度，逐步形成较为全面、可行的长效工作机制。如屯昌县委全会审议通过《中共屯昌县委关于推进全县域生态循环农业发展的意见》，出台《屯昌县“十三五”屯昌县域生态循环农业发展实施方案》，为屯昌县发展生态循环农业提供了政策依据和基本遵循。印发《2016年屯昌县商品有机肥推广应用补贴项目实施方案》《屯昌县“十三五”农田生产废弃物处理项目实施方案》《屯昌县农业检验检测体系整合方案》《屯昌黑猪特色产业发展扶持意见》，为屯昌县发展生态循环农业做好理论、规划和政策基础；成立领导小组办公室，定期进行集中办公，加快审批进度，协调解决问题。整合农业局、畜牧局、渔业局、农技局的农产品检验检测职能，成立“屯昌县现代农业检验检测预警防控中心”。统一包装策划项目，通过购买服务的方式，聘请科研院校、技术咨询等单位，解决关键技术瓶颈问题。以政府为主导，加强顶层设计及市场化运作，

为生态循环农业建设提供政策制度保障。

6. 农产品标准化品牌化建设初现成效

近年来，屯昌县依托农博会，以打造国家级农村电子商务示范县、坡心互联网农业小镇项目为抓手，采取线上线下相结合的模式，加快推进屯昌农业品牌化标准化进程。建成以坡心互联网小镇及电子商务进农村综合示范县项目为主体的县镇村三级电商服务网络平台，展销屯昌特色农产品50余种。成立屯昌县农林业品牌建设促进会，屯昌黑猪获批国家地理标志保护产品，完成6个农产品“三品一标”的产地认证工作，建立屯昌黑猪、枫木苦瓜从生产源头到销售的二维码质量安全信息溯源监管体系；出台屯昌香鸡、阉鸡饲养标准和肉质标准及《山柚油加工技术规程》企业标准5个；完成小白菜、红莲雾等7项果蔬地方标准编制。通过加大农产品的品牌创建及标准化建设，不断提升屯昌优势特色农产品的市场竞争力，提高农产品附加值，有力地促进农民增收、农业增效。

第二节　海南省工业生态文明建设

海南省委关于进一步“加强生态文明建设，谱写美丽中国海南篇章”的决定指出，推广循环经济。按照减量化、再利用、资源化的要求，加快建立循环型工业、农业、服务业体系。以“布局优化、产业成链、物质循环、集约发展”为原则，推进洋浦、老城、东方、昌江等重点产业园区循环化、低碳化、生态化改造；健全再生资源分类回收利用体系建设，推进农林废弃物以及建筑垃圾、餐厨废弃物等资源化利用，推动再生资源利用产业化。

2.1　海南省工业概况

海南省工业行业主要包括：油气加工业、医药产业、低碳制造业、非金属矿物制品业、造纸和纸制品业等，其中产值最高的是油气加工业和低碳制造业。海南工业分布特点：“北棕南铝、东轻西重”，主要集中于西北和北部。北部是以生物制药和机车工业为主，最为典型的就是海口市的药谷，这里集中了整个海南省的生物制药企业和新大洲摩托车生产基地以及海马轿车生产基地。另外一个就是西北工业走廊，这里的工业主要是以石化工业为主。典型就是以洋浦港为依托的北部湾炼油基地和老城工业开发区。这两个工业开发区主要是以石油化工产品为主，至于海南其他地区的工业，多是以橡胶工业和榨糖工业为主。

尽管近十年来海南新型工业初具规模，但是工业落后的状况并没有从根本上得到改善，海南工业水平不仅大大低于沿海发达地区，而且与全国平均水平相比，差异也较大。目前海南工业发展尚存在诸多问题：一是大规模、大项目、高技术、资金密集型工业企业少，大量产品技术档次、含金量低，知名品牌少，市场竞争力弱。二是还尚未形成一条具有紧密联系、门类齐全的主导产业链；工业企业分布零散，行业间的生产联系和协作配套差，产品链和市场链薄弱。三是工业发展起点低、成本高、基础差，产业工人缺乏；港口、铁路、公路等运输制约瓶颈依然存在，工业发展环境尚需改进。四是社会舆论对工业发展与生态环保的矛盾存在争论。

2.2 海南省生态工业的发展现状

2.2.1 海南省生态工业的发展思路

生态工业，就是用生态学和生态经济学原理对传统工业生产的全过程进行“生态化”或“绿色化”改造，其本质是将传统的“资源—产品—废物”单向流动经济模式转变为“资源—产品—再生资源”的反馈式流动经济模式。生态工业是建设生态文明的核心产业。

海南虽然工业“腿短”，现代工业短缺，但可以发挥后发优势作用——发展科技含量高、经济效益好、资源消耗低、环境污染少、人力资源优势得到充分发挥的新型工业。

（1）按照经济效益、生态效益和社会效益共赢的“三赢”思路来调整海南的工业结构，重点发展热带生物产品的加工、保鲜、运销业，包括利用本地优势资源开发各种绿色食品、保健品和药品等；优先发展信息产业。

（2）坚持实施“大企业进入、大项目带动”战略。通过把大公司、大项目、高科技企业集中安排在西部少雨地区；在西部建设以港口、铁路、粤海通道、工业园区为依托，以老城、洋浦、昌江、东方等区域为主的西部点状生态工业园区，形成以油气化工、浆纸、能源、冶金、建材等原材料重化工业为主的产业基地。各大工业园区应以循环经济理念加速构建现代产业体系，继续完善和加强基础设施建设，推进改革开放和技术进步，有针对性地加强招商和合作，扩大园区产业链和循环经济发展，实现重点工业园区和特色产业园区的生态化生产。

（3）海南可依托其独特的生态优势，率先在中国走出一条“传统工业化 + 信息化 + 生态化”的现代化道路。海南虽然在传统工业化和信息化上的实现程度远远低于国内发达地区，但可利用其自身在生态方面的优势，坚持以信息化带动工业化，以工业化促进信息化，走出一条科技含量高、经济效益好、资源消耗低、环境污染少、人力资源优势得到充分发挥的新型工业化路子。

2.2.2 海南省生态工业取得的成效

近五年来，在“两大一高”（大企业进入、大项目带动、高科技支撑）战略的带动下，海南省陆续建成海口绕城高速公路、三亚绕城高速公路、东方电厂一期和二期、海南电网跨海联网一期、东环高铁等重大基础设施项目。正在加快建设昌江核电、红岭水利枢纽、洋浦 30 万吨级原油码头、300 万吨 LNG（液化天然气）站线等项目。加快推进的大型基础设施项目有屯昌至琼中高速公路、西环高铁、博鳌机场、美兰机场二期扩建、红岭灌区工程、60 万千瓦抽水蓄能电站、跨海联网二期等。海南省依托独特的生态、资源、区位及优惠政策等优势，逐步形成了油气化工、浆纸及纸制品、汽车和装备制造、矿产资源加工、新材料和新能源、制药、电子信息、食品和热带农产品加工八大支柱产业，建成了一批支撑海南工业长远发展的重大项目。事实上，海南新型工业呈集约化、园区化、产业化发展的同时，科技含量、环保门槛越来越高。在 800 万吨炼油、100 万吨纸浆、90 万吨造纸、140 万吨大颗粒尿素、140 万吨甲醇、30 万辆汽车的基础上，大力发展太阳能光伏、特种玻璃、新型建材、软件信息、制药等新兴产业，战略性新兴产业对规模以上工业贡献率超过 30% 。海南万元生产总值能耗逐年下降，2012 年实现同比下降 3. 36% ，下降到 0. 669 吨标准煤。化学需氧量（COD）、SO_2等污染物排放得到控制，生态环境质量保持

全国领先。海南省利用现代技术和生态工程，逐步对传统工业产业进行改造，发展高科技含量、高附加值的“两高”工业。另外，还批准了天人可降解塑料袋厂、绿色建材五防轻体隔墙板厂、格林柯尔无氟制冷剂分装厂等一批具有导向性和示范性的环保产业项目。

2.3　海南省生态工业建设案例

海南昌江循环经济工业区位于昌江县石碌镇和叉河镇境内，由叉河园、太坡园和昌江核电产业园构成，园区规划总面积59.56 km^2，建设用地总面积31.32 km^2。叉河园（包括叉河组团、水尾组团、海钢组团）规划面积53.69 km^2，建设用地面积27.31 km^2，主要发展矿石采掘冶炼深加工、水泥建材、新型墙体材料、橡胶制品等产业。太坡园规划面积3.97 km^2，建设用地面积2.23 km^2里，主要发展包装、果品保鲜和农副产品加工等无污染项目。昌江核电产业园作为园区飞地产业园，规划面积1.0 km^2，建设用地面积1.78 km^2，主要发展核电等清洁能源产业。

2009年，国务院确定第二批国家循环经济示范试点，海南省昌江循环经济工业区被列为产业园区示范试点之一。昌江循环经济工业园区自创建以来，已形成铁矿石采掘加工产业、钴铜矿冶炼产业、水泥熟料生产和水泥制品产业、生态环保建材产业及绿色农产品加工产业。园区内现有企业49家，其中规模以上企业有海南矿业股份有限公司（原海南矿业联合有限公司）、华润水泥（昌江）有限公司、昌江糖业责任有限公司、琼胶金林橡胶加工厂等15家。

海南矿业北一地采项目、海南矿业保秀矿区深部开采项目，年地下开采铁矿石分别为260万吨、300万吨。

瑞图生态环保建材项目，年生产286万 m^3混凝土砌块、加气混凝土制品和150万吨胶凝剂，总投资10.15亿元。

昌江县生活垃圾综合处理厂项目，采用WDM综合处理工艺（即热解干燥+自动分选+热能回收工艺，城市生活垃圾经该工艺综合处理后只分为四种产品：有机肥、塑料、金属及无机建材原料），日处理生活垃圾300吨。

红林顺发橡胶木改性加工异地技改项目，年生产3万 m^2的半成品橡胶板材，橡胶家具3000套，薄木皮2000 m^3，生物质环保颗粒燃料1.5万吨。

昌江蜜香食品饮料厂项目，年产500吨的蜂产品生产线3条，瓜果加工和食品饮料车间和生产线，年生产食品饮料3000吨。

昌江光源新型节能墙体材料厂项目，年产新型墙体材料50万 m^2，总投资1000万元。

海南昌江循环经济工业园区全面树立和落实科学发展观，按照《海南省昌江循环经济工业区循环经济试点实施方案》，大力发展循环经济，利用废弃贫矿、尾矿、废石、绿泥等固体废弃物和实施皮带走廊节能工程、余热发电、沼气利用、污水处理等项目，构筑出了一条既符合昌江特色又遵循科学规律的新型循环经济工业模式。近年来，昌江循环经济工业区充分发挥其区位优势、资源优势、政策优势，大力实施循环经济战略，积极推进“减量化、再利用、资源化”的可持续开发模式。

园区企业积极建设污染治理项目，有效地处理生产生活产生的“三废”，其处理率100%。华润、华盛水泥厂建设了7条水泥生产线的脱硝设施，削减氮氧化物8000吨以上，对减少园区周边大气污染起到了积极作用。在采矿等行业创建了4家废弃物“零排放”企业，当年产生的贫矿全部实现回收利用。

园区三家水泥企业建成低温余热发电项目，总装机容量78兆瓦，2014年低温余热发电项目发电约4.2亿度，可节约折合标准煤（当量值）5.16万吨，减少14.04万吨CO_2的排放和438.6吨SO_2的排放，还能节约企业约6亿元的生产成本，同时华盛公司实施“碳排放”交易，填补了海南CDM（清洁发展机制）项目的空白；积极推行工业节水管理，提高中水回用，水资源循环利用率达到93%以上。

2014年，华润水泥厂综合利用的工业废物包括：铁尾矿21万吨、玄武岩废石粉19万吨、粉煤灰9万吨、脱硫石膏及磷石膏8万吨，使用洋浦金海纸浆公司的绿泥3000吨。华盛水泥厂综合利用的工业废物包括：铁尾矿38.7万吨、玄武岩废石粉17.9万吨、脱硫石膏及磷石膏4.8万吨，累计使用洋浦金海纸浆公司的绿泥20万吨。鸿启水泥厂综合利用的工业废物包括：铁尾矿12.22万吨、玄武岩废石粉23.20万吨、粉煤灰5.82万吨、脱硫石膏及磷石膏9.56万吨。瑞图生态环保建材厂每年可消化海矿废石和尾矿200万吨，生产出高端环保建筑材料286万m^3，折合标准砖20亿块。

作为海南省唯一一个国家级循环经济示范区，园区已走出了一条资源—产品—废弃物—再生资源循环利用的路子，资源综合利用水平明显提升。

图5－2　华润水泥（昌江）有限公司（来源：昌江县人民政府）

第三节　海南省旅游服务业生态文明建设

海南是我国面积最大的经济特区和唯一的热带海岛省份，拥有南山、大小洞天、呀诺达、分界洲和槟榔谷等国家级5A景区；拥有儋州调声、黎族打柴舞、琼剧、海南椰雕等28个国家级非物质文化遗产，热带滨海自然资源和人文资源十分丰富。建省办经济特区以来，在党中央、国务院的关怀和国家旅游局、财政部等有关部门的支持下，旅游业得到快速发展，已经上升为海南经济发展的战略性支柱产业。新时期，海南被赋予国际旅游岛、国际旅游消费中心、自由贸易港等战略定位，具有发展入境旅游得天独厚的政策优势，有机会成为我国对接东南亚的窗口。

3.1　海南省旅游发展概况

海南旅游发展经历了从"热带海岛度假、休闲旅游胜地"阶段到重视发展生态旅游阶段，再过渡到实施国际旅游岛战略阶段，以及实施推进全域旅游示范省建设阶段。海南旅游服务业的发展也随之经历了萌芽阶段、起步阶段、重点发展阶段。

1. 萌芽阶段

萌芽阶段是指自1999年海南省调整发展战略和产业结构，正式启动生态省建设，一直到2009年实施国际旅游岛战略。1999年，国家旅游局推出"生态环境游"，海南凭借独特的旅游资源和突出的生态环境优势，围绕该主题开展了系列活动。例如在三亚南山文化旅游区举行中国生态环境游海南开幕式、儋州文化生态游、99中国（海南）学生生态夏令营等系列推介活动，生态旅游开始走入岛内和岛外游客的视野。同时，森林公园、动植物园、海洋生态旅游区等多种类型的景区迅速发展起来，生态旅游产品类型也不断丰富，如海洋生态游、热带雨林考察游、动植物观赏游、登山探险游等，还建设了生态多样性博物馆、青少年生态科教基地等。

2. 起步阶段

起步阶段是指2009年国际旅游岛发展战略到2016年海南省全域旅游示范省建设。2009年12月31日，《国务院关于推进海南国际旅游岛建设发展的若干意见》（以下简称《意见》）正式发布，标志着海南国际旅游岛建设上升为国家战略。《意见》指出了海南国际旅游岛建设发展的总体要求：加强生态文明建设，增强可持续发展能力；发挥海南特色优势，全面提升旅游业管理服务水平；大力发展与旅游相关的现代服务业，促进服务业转型升级；积极发展热带现代农业，加快城乡一体化进程；加强基础设施建设，增强服务保障能力；推进以改善民生为重点的社会建设，加快形成人文智力支撑；充分利用本地优势资源，集约发展新型工业；加强组织协调，落实各项保障措施。随着各项需求落地实施，海南旅游发展迎来了全新的历史机遇。

2010年，海南省颁布《海南国际旅游岛建设发展规划纲要》（以下简称《纲要》）。《纲要》按照"整体设计、系统推进、滚动开发"的空间发展模式，科学确定了国际旅游岛建设的六大功能组团：以海口为中心包括文昌、定安、澄迈的北部组团；以三亚为中心，包括陵水、保亭、乐东的南部组团；由五指山、琼中、屯昌、白沙组成的中部组团；琼海、万宁两市则为东部组团；儋州、临高、昌江、东方和洋浦经济开发区的西部组团；海洋组团。《纲要》明确了海南产业发展的方向，主要发展旅游业、文化体育产业、房地产业、金融保险业、商贸餐饮业和现代物流业、热带特色现代农业、新型工业和高新技术产业、海洋经济八大产业。同时，将着力培育度假旅游、海洋旅游、运动休闲、疗养休闲、商务会展、民族风情和文化、红色旅游、休闲农业与乡村旅游、热带森林等特色旅游和自助旅游等十大旅游产品。

2011年和2014年相继出台了《海南省热带森林旅游发展总体规划》《海南省森林生态旅游管理规定》和《海南省乡村旅游总体规划（2014—2020）》，引导规范森林生态旅游和乡村旅游发展，这表明海南生态旅游发展的内容更为丰富。

3. 重点发展阶段

2016 年 2 月，海南省成为全国首个全域旅游示范省创建单位，积极开展全域旅游示范区创建工作，海南开启全域旅游发展新模式。同年 12 月出台了《海南省创建国家全域旅游示范区工作导则》和《海南省创建国家全域旅游示范区验收标准》，明确了海南省全域旅游发展的重点和方向。海南省坚持“全省一盘棋，全岛同城化”的发展理念，组织编制了《海南省全域旅游建设发展规划（2016—2020）》，制定了《海南省全域旅游建设三年行动方案》。海南借助全域旅游和“国际旅游岛 +”，加快旅游和其他产业融合发展，着力打造包括海洋、康养、文体、乡村、会展、森林生态在内的十大旅游产品；启动了海棠湾、亚龙湾、清水湾等 18 个精品海湾和亚特兰蒂斯、海花岛、海洋主题公园三个滨海旅游综合体项目建设；推出了游艇、帆船、潜水、海钓等近海旅游项目；推进博鳌乐城医疗旅游先行区建设和 41 个中医药健康旅游项目建设。以深入推进旅游供给侧结构性改革为主线，以“点、线、面”相结合为方式，以促进旅游产业全区域、全要素、全产业链发展为基调，以实现旅游产业全域共建、全域共融、全域共享为目标，基本形成了“日月同辉满天星，全省处处是美景”的全域旅游发展新格局。

2017 年 11 月，海南省发布了《海南省旅游发展总体规划（2017—2030）》，规划分三个阶段：近期以中国旅游业改革创新试验区、国际旅游岛建设、全域旅游示范省创建建设为目标；中期以建成世界一流的海岛休闲度假旅游胜地为目标；远期将海南打造成世界一流的国际旅游目的地。规划立足旅游项目、新业态、旅游服务等，国际化打造海洋旅游、康养旅游、文体旅游、会展旅游、购物旅游，辐射带动乡村旅游、森林生态旅游、特色城镇旅游、产业旅游、专项旅游等旅游产品全面发展，不断推动海南旅游产品创新升级，形成富有海南特色的旅游产品体系。积极实施“旅游 +”策略，如“旅游 + 农业”“旅游 + 互联网信息”“旅游 + 医疗健康业”“旅游 + 金融业”“旅游 + 教育”等，充分发挥“旅游 +”综合带动功能，促进旅游与其他产业融合，形成相关产业全域联动的大格局。

3.2 海南省旅游业发展现状

1. 旅游人数快速发展

旅游产业年接待游客总人数，从建设海南国际旅游岛之初（2010 年）的 2587 万人次跃升到 2019 年的 8133.20 万人次，比 2018 年增长了 8.96%。其中，接待过夜旅游人数 6824.51 万，接待入境游客 143.59 万人，旅游总收入从 257 亿元增长到 1058 亿元。全省旅游饭店 953 个，较 2010 年增加了 489 个。截至 2019 年，全省旅游景区共 55 个，客房总数 151347 间，床位总量达 248495 张，2019 全年客房开房率为 63%。全省星级宾馆共 114 家，其中五星级宾馆 22 家，四星级宾馆 38 家。这一系列数据显示，海南已经从贫穷落后的边陲海岛、传统农业省，发展成为全国人民向往的“四季花园”，以旅游业为龙头、现代服务业为主导的绿色产业体系正在加快形成。

2. 产业规模迅速扩张

海南旅游业向多元化发展，在国际国内旅游市场的影响力逐年增加，旅游接待能力持续增强。2019 年海南省全年旅游收入 1057.80 亿元，较 2010 年旅游收入增长 310.59%。2019 年海南省地区生产总值达 5308.94 亿元，在经济持续快速健康发展的同时，海南三次

产业结构不断调整优化。2019 年第三产业增加值3129.54 亿元，较2018 年增长7.5%，经济结构优化调整，三次产业结构调整为20.3∶20.7∶59.0。以旅游业为龙首的第三产业占全省 GDP 的比值达59.0%，旅游业对海南经济发展的支撑作用越来越明显，成为海南经济发展的支柱产业。

3. 多元化方式推进产业融合发展

海南积极实施"旅游+"战略，海南离岛免税政策自2011 年4 月20 日实施以来，不断进行调整优化，释放免税政策红利，如今免税购物已成为海南旅游收入的重要来源和海南旅游的"金字招牌"。2020 年7 月1 日海南省离岛免税新政实施至10 月19 日，海关共监管离岛免税购物金额达108.5 亿元、件数1162.8 万件，购物旅客143.9 万人次，同比分别增长218.2%、142%、58.5%，有力地拉动了海南省高端消费的增长和境外消费的回流。

4. 乡村旅游大力发展

海南拥有发展乡村旅游的政策机遇、市场需求、文化基因和自然条件。乡村旅游已经成为城乡居民日常和节假日的常态消费方式，随着海南全域旅游的蓬勃发展，海南乡村旅游展现出与时俱进的蓬勃生命力，已成为推进供给侧结构性改革、乡村振兴和精准扶贫的有效途径。2019 年全省实现接待乡村游客1081.31 万人次，同比增长5.53%，实现乡村旅游收入34.80 亿元，同比增长8.21%。"全域旅游+美丽乡村"为海南国际旅游岛建设谱写了新篇章。

5. 打造特色旅游产品及地方品牌

特色旅游产品的发展，可以改善地方环境、带动地方经济发展。海南十大特色旅游产品：高尔夫、免税旅游购物、海洋休闲度假、会展节庆旅游、婚庆旅游、康养旅游、美食旅游、文化旅游、乡村旅游和雨林旅游。将十大旅游产品进行有机包装整合，推出精品旅游路线，形成丰富的、多样化、差异化、独具魅力的旅游套餐组合。

2011 年，海南省住房和城乡建设厅发布的《海南国际旅游岛特色风情小镇（村）建设总体规划（2011—2030）》，提出到2020 年将建设55 个特色旅游风情小镇，500 个特色风情村；到2030 年打造100 个特色旅游风情小镇，1000 个特色风情村，把特色风情小镇打造成国际旅游岛的特色地方名片。

3.3 海南省医疗旅游业建设案例

在《海南省国民经济和社会发展第十三个五年规划纲要》中，旅游业和医疗健康产业共同被列入海南十二大重点发展产业。2018 年党中央决定支持海南全岛建设自由贸易试验区，支持海南逐步探索、稳步推进中国特色自由贸易港建设。在此背景下，海南将健康产业确定为优先发展的战略性支柱产业。近年来，医疗健康产业得到快速发展，产业规模不断扩大，产值不断增加，医疗旅游产业作为医疗健康产业中的重要组成部分，拥有巨大的市场空间。

3.3.1 博鳌乐城国际医疗旅游先行区

2013 年，国务院正式批复海南设立博鳌乐城国际医疗旅游先行区（以下简称"先行区"），先行区占地20.14 km^2，其中建设用地9.96 km^2。先行区内已建成的医疗机构包括：博鳌一龄生命养护中心、博鳌超级医院、博鳌恒大国际医院、海南省肿瘤医院成美医学中心、元合301精准医疗中心、慈铭奥亚慢病康复医院、海上丝绸之路干细胞医疗中心、长异国际医学健康中心、济民国际医学抗衰老中心等。作为海南健康产业的龙头，博鳌乐城国际医疗旅游先行区承担了为国际医疗旅游探路的重大使命。

目前，先行区内一共有9家医疗机构开业运营，其中，博鳌超级医院是最早建成运营的一家。该医院所在的乐城国际医疗旅游先行区是中国第一家以国际医疗旅游服务、低碳生态社区和国际组织聚集为主要内容的国家级开发园区，享有医疗器械和药品进口注册审批快速和低关税、允许申报开展干细胞临床研究等九条优惠政策。博鳌超级医院实行1＋N模式，由“一个共享医院（平台）＋若干个临床医学中心”组成，采取多元投资、专业化运作的模式。超级医院由临床医学领域工程院院士及顶尖医学学科带头人领衔，通过整合国内优质医疗资源，组建团队以各专科临床中心的形式进驻。

图5－3 博鳌超级医院（图片来源：百度百科）

随着“健康中国”等国家战略的提出，国内大力发展、建立产业以支持发展健康旅游，以满足国内人民不同层次的健康消费需求。医疗旅游是海南寻求经济发展新的增长点之一。海南医疗旅游的提质升级主要进行产业升级发展的方式，医疗旅游的发展有助于海南旅游业提质增效。

医疗旅游产业是集旅游业、现代服务业和高新技术产业于一体的新兴综合产业，是国家和海南省重点支持的产业。国家对医疗健康领域的投入加倍重视，唤起了民众对高品质医疗健康产品和服务的追求，也唤起了资本市场对医疗健康行业的热切关注。随着自贸港建设的持续推进，海南国际医疗旅游将拥有巨大的向上发展空间，成为未来健康产业投资的蓝海。

3.3.2 海南医疗旅游发展对策

1. 完善政策法规，落实优惠措施

海南入境医疗旅游产业发展，需要建立健全相关的法规和政策，加强各类可能存在的限制因素和风险因素的预防和控制，制定切实可行的医疗事故处理、境外游客在琼参保、入境医疗保险合作等方面的政策和法规，切实保障入境医疗游客的合法权益。用好国家赋予海南的博鳌乐城入境医疗旅游先行区的九条优惠政策和国外先进医疗器械、药品和疫苗

等方面的进口审批权以及鼓励医疗新技术、新装备、新药品的研发应用和支持境外患者到先行区诊疗等专有扶持政策。

2. 优化审批流程，降低审批时限

审批效率是先行区的一块招牌，短短几年内，先行区集聚了大量医疗项目，正是得益于海南省在产业园区实施的“极简审批”改革。目前，一些在国外已经使用的药品、设备和耗材，引进国内需要 3 ～ 5 年，而在先行区，最快 2 个月便可以在病人身上使用。进一步优化简化临床急需进口医疗技术、医疗器械和药品流程，尽可能压缩审批时限，实现医疗技术、装备、药品与国际先进水平“三同步”。

3. 促进产业发展，完善产业链

整合医疗资源，建立大型综合医院，形成医疗规模化；利用现代高新技术，建立海南特色医疗旅游展示通道。建立专业化康复疗养机构，推动康复疗养与休闲旅游项目紧密结合。在现有研究机构的基础上，探索与国内外高校建立“产学研”医疗发展模式，开设医疗商务游、医疗文化游、医疗产业游项目。搭建中央与地方联合政策平台，推动先行区政策可复制化；积极推动国际医疗旅游行业协会发展，营造良好的业界发展氛围；在自贸港的政策优势下，依托更加开放的金融资本市场，构建专属融资平台。

4. 构建海南特色，拓展客源市场

医疗旅游发达的国家，都有自己的特色优势项目，如美国的肿瘤治疗、英国的肝脏移植、日本的癌症早期风险筛查、新加坡的高端体检、韩国的整形美容等。特色医疗项目能够形成独特的竞争优势。统计数据显示，2016 年，中国有 60 万人去国外求医问药。

海南应结合中国传统养生文化，借鉴医疗旅游发达国家和地区的发展经验，明确医疗旅游发展定位，利用自身优越的自然环境、丰富的旅游资源和独具特色的医疗资源，有机融合各种医疗资源和旅游资源，开发独具特色、品种多样的医疗旅游项目，联合推出具有海南地域特色和中国国情的医疗旅游套餐，吸引医疗旅游者。

5. 以服务质量为根本，提高医疗服务水平

完善医疗旅游基础设施建设，提升医疗旅游服务管理水平。积极引进和有效利用境外先进医疗技术、高端医疗设备，同时紧跟国际一流技术，将数字技术、5G 等新科技应用于医疗设备研发中；着力培育医疗高端人才和医疗旅游复合型人才，同时引进更多的医务工作者从事医疗旅游服务。注重硬件与软件与国际接轨，建立一套符合国际标准的医疗技术标准和医疗服务流程，在国际医疗保险方面与国际对接，为入境医疗旅游产业发展提供有力保障。

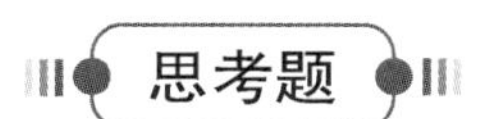

（1）简述海南省农业、工业、旅游业的发展历程。

（2）简述发展生态文明经济建设的必要性。

（3）海南省在生态文明经济建设上采取的具体措施是什么？

（4）简述海南省旅游业生态文明的建设路径。

（5）简述生态文明经济建设未来的发展方向。

第六章 海南省生态文明法律法规建设

要点导航：

(1) 掌握生态文明（环境与资源）法律体系。

(2) 熟悉海南生态文明法制建设情况以及颁布的主要的法律法规文件。

(3) 了解我国生态文明法制建设进程。

生态文明建设是伟大的系统工程，需要构建和完善法律保障体系。习近平总书记指出，“只有实行最严格的制度、最严密的法治，才能为生态文明建设提供可靠保障”。党的十五大就明确了生态文明理念需法律化。党的十九大报告明确表示，“中国特色社会主义进入了新时代，要推进生态文明建设，增强法制保障，为健全生态环境法律体系提供时代契机”。生态文明的法律（《环境资源法》）是指以保护和改善环境、预防和治理人为环境侵害为目的，调整人类环境与资源利用关系的法律规范的总称。生态文明法律体系是由国家现行的相互联系、相互补充、相互制约的有关生态文明建设的法律、法规、规章和其他具有法律约束力的规范性文件所组成的系统。

第一节　生态文明建设的法律体系

1.1　生态文明法律调整的对象、目的和任务

环境资源法的调整对象是人们在开发、利用、保护与改善环境的活动中所产生的各种社会关系，这种社会关系是明确的、特定的。

环境资源法所调整的社会关系十分广泛，因而它需要多种调整方法，并涉及其他多种法律部门。环境资源法固有的综合性特征，决定了调整方法的综合性和某些法律制度的综合性。由此，我国环境资源法的法律体系，在环境保护基本法和单行法的基础上，也涉及宪法、民法、商法、行政法、经济法、刑法、诉讼与非诉讼程序法等多种部门法。

环境保护法的任务和目的是保护和改善环境，防治污染和其他公害，保障公众健康，推进生态文明建设，促进经济社会可持续发展。由于环境保护法具有自己独立的调整对象、自己的调整方法、自己特殊的任务和目的，因而是具有独立地位的法律部门。

1.2　生态文明法律体系

我国生态文明立法是由以宪法中关于环境保护的规定为基础，以环境基本法和一系列生态保护与污染防治单行法为主干，以数量庞大的各种行政法规、地方性法规和具有规范性的环境标准为支干所组成的完整体系。我国环境资源法形成独立的法律部门和比较完整的法律体系，在时间上比其他一些部门法要晚得多，但立法数量又远远多于一般部门法，因而构成了一个十分庞大的部门法体系。纵观我国现行的环境与资源保护立法，我国的生态文明体系主要由以下几个方面的环境法律规范组成：①宪法关于环境与资源保护的规定；②环境与资源保护法律；③我国签署的国际环境保护公约；④环境保护行政法规；⑤其他部门法中的环境与资源保护法律规范；⑥环境保护地方性法规。⑦环境保护地方性

条例和政府规章；⑧环境标准。

第二节　生态文明建设法律、法规和规章

我国环境资源法律体系正处于日趋完善的阶段。目前，我国已经制定了30多部有关环境与资源保护的法律；修订后的《中华人民共和国刑法》专门规定了破坏环境资源保护罪，为打击环境犯罪提供了强有力的法律武器；修订后的《中华人民共和国民法典》设置了"环境污染和生态破坏责任"专章，维护被侵权人的人身权、财产权。制定并颁布了环境保护行政法规50余项；制定环境保护部门规章和规范性文件近200件；军队环境保护法规和规章10余件；制定国家环境保护标准1100多项。批准和签署多边国际环境条约50余项；制定地方性环境法规和政府规章共1600余件。

2.1　生态文明建设的法律

2.1.1　宪法中关于环境保护的规定

宪法由全国人大制定，具有最高的法律效力，一切法律、行政法规、地方性法规、自治条例、单行条例、规章都不得同宪法相抵触。宪法中关于环境保护的规定，是环境保护法的基础，为环境保护法律、法规和规章的制定提供了指导原则和立法依据。2018年3月11日，第十三届全国人大一次会议第三次全体会议通过的《中华人民共和国宪法修正案》将"新发展理念""生态文明"等正式载入宪法，为我国生态文明法律建设提供了直接的宪法依据。新修订的宪法明确提出："推动物质文明、政治文明、精神文明、社会文明、生态文明协调发展。"为切实贯彻这一宪法精神，新宪法第八十九条"国务院行使下列职权"中第六项"（六）领导和管理经济工作和城乡建设"被修改为"（六）领导和管理经济工作和城乡建设、生态文明建设"。

《中华人民共和国宪法》中有关生态环境保护的内容如下：

第九条　矿藏、水流、森林、山岭、草原、荒地、滩涂等自然资源，都属于国家所有，即全民所有；由法律规定属于集体所有的森林和山岭、草原、荒地、滩涂除外。

国家保障自然资源的合理利用，保护珍贵的动物和植物。禁止任何组织或者个人用任何手段侵占或者破坏自然资源。

第二十二条　国家保护名胜古迹、珍贵文物和其他重要历史文化遗产。

第二十六条　国家保护和改善生活环境和生态环境，防治污染和其他公害。国家组织和鼓励植树造林，保护林木。

宪法的上述各项规定，为我国环境保护活动和环境与资源保护立法提供了指导原则和立法依据。

2.1.2　环境保护法

环境保护法是指由全国人大及其常委会制定，由国家主席签署主席令予以公布的有关环境污染防治及自然资源保护和开发利用的法律。法律的效力高于行政法规、地方性法规和部门规章。另外，法律的解释权属于全国人大常委会。全国人大常委会的法律解释司法律具有同等效力。环境保护法律包括环境保护综合法（基本法）和单行法。

1. 综合性法律

综合性环境与资源保护法是指由国家最高立法机关制定的，内容涵盖了环境与资源保护法律体系中各个单项立法层面上的环境与资源保护的共同性的事项和内容，对各单项环境与资源保护法律制度的确立和实行具有普遍的指导意义。

我国现行的具有综合性环境与资源保护法性质的法律是指由中华人民共和国第七届全国人民代表大会常务委员会第十一次会议于1989年12月26日通过，由第十二届全国人民代表大会常务委员会第八次会议于2014年4月24日修订通过的《中华人民共和国环境保护法》。

该法用较大的篇幅对环境与资源保护的法律目的、法律原则、国家环境与资源保护基本政策、宏观行政监督管理体制、基本法律权利与义务、基本法律制度、基本法律责任等内容做了规定。①任务。保护和改善环境，防治污染和其他公害，保障公众健康，推进生态文明建设，促进经济社会可持续发展。②保护的对象。直接或间接地影响人类生存和发展的环境要素的总体，包括大气、水、海洋、土地、矿藏、森林、草原、野生生物、自然遗迹、人文遗迹、自然保护区、风景名胜区、城市和乡村等。③基本原则和制度。国家采取有利于节约和循环利用资源、保护和改善环境、促进人与自然和谐的经济、技术政策和措施，使经济社会发展与环境保护相协调。环境保护坚持保护优先、预防为主、综合治理、公众参与、损害担责的原则等。④规定了环境保护法律义务。一切单位和个人都有保护环境的义务。⑤规定了中央和地方环境管理机构对环境的监督管理职责。县级以上人民政府应当将环境保护工作纳入国民经济和社会发展规划。⑥规定了保护自然环境的基本要求和开发利用环境资源者的法律义务。⑦规定了防治环境污染的基本要求和相应的义务。⑧规定了违反环境保护法的法律责任，即行政责任、民事责任和刑事责任。

新修订的《中华人民共和国环境保护法》强化了企业污染防治责任，加大了对环境违法行为的法律制裁，还就政府、企业公开环境信息与公众参与、环境保护监督做了系统规定。突出以人为本，将“保障公众健康”写入第一条，将公众健康与防控疾病写入新修订的环保法是“以人为本”立法理念的体现。将环境保护作为国策写入法律，修订后的环保法第四条规定：“保护环境是国家的基本国策。各级政府为人民创造清洁、舒适、安静、优美的环境，是应尽的责任。”法律责任严厉，修订后的环保法第五十九条规定：“企业事业单位和其他生产经营者违法排放污染物，受到罚款处罚，被责令改正，拒不改正的，依法做出处罚决定的行政机关可以自责令改正之日的次日起，按照原处罚数额按日连续处罚。”划定生态红线，修订后的《中华人民共和国环境保护法》首次将生态保护红线写入法律。新法规定，国家在重点生态保护区、生态环境敏感区和脆弱区等区域，划定生态保护红线，实行严格保护。明确政府职责，将环境保护目标完成情况纳入考核内容，作为对政府和部门负责人考核评价的重要依据。强调信息公开和公众参与，新修订的环保法第五章“信息公开和公众参与”，明确公民依法享有获取环境信息、参与和监督环境保护的权利。

2. 单行法

环境与资源保护单行法规是针对特定的保护对象如某种环境要素或特定的环境社会关

系而进行专门调整的立法。它以宪法和环境与资源保护基本法为依据，是宪法、环境与资源保护基本法的具体化。单行环境与资源保护法规在环境与资源保护法体系中数量最多，占有重要的地位。可分为环境污染防治法和自然资源保护法两个组成部分。

（1）环境污染防治法。

环境污染防治法是国家对产生或可能产生环境污染和其他公害的原因活动实施控制，达到保护自然环境和生活环境，进而保护人体健康和财产安全而制定的一系列法律规范。自然资源保护法包括《中华人民共和国水污染防治法》（2017 年 6 月 27 日第十二届全国人民代表大会常务委员会第二十八次会议修订）、《中华人民共和国大气污染防治法》（2015 年 8 月 29 日第十二届全国人民代表大会常务委员会第十六次会议第二次修订）、《中华人民共和国土壤污染防治法》（2018 年 8 月 31 日第十三届全国人民代表大会常务委员会第五次会议通过）、《中华人民共和国海洋环境保护法》（2017 年 11 月 4 日第十二届全国人民代表大会常务委员会第三十次会议修正）、《中华人民共和国噪声污染防治法》（2018 年 12 月 29 日第十三届全国人民代表大会常务委员会第七次会议修正）、《中华人民共和国固体废弃物污染环境防治法》（2020 年 4 月 29 日第十三届全国人民代表大会常务委员会第十七次会议第二次修订）、《中华人民共和国放射性污染防治法》（2003 年 6 月 28 日第十届全国人民代表大会常务委员会第三次会议通过）、《中华人民共和国环境影响评价法》（2018 年 12 月 29 日，第十三届全国人民代表大会常务委员会第七次会议第二次修正）、《中华人民共和国清洁生产促进法》（2012 年 2 月 29 日第十一届全国人民代表大会常务委员会第二十五次会议修正）等。

（2）自然资源保护法。

自然保护就是对人类赖以生存的自然环境和自然资源的保护。目的是保护自然环境，使自然资源免受破坏，以保持人类的生命维持系统，保存物种遗传的多样性，保证生物资源的永续利用。自然资源保护法包括《中华人民共和国水法》（2016 年 7 月 2 日第十二届全国人民代表大会常务委员会第二十一次会议修正）、《中华人民共和国森林法》（2019 年 12 月 28 日第十三届全国人民代表大会常务委员会第十五次会议修订）、《中华人民共和国草原法》（2013 年 6 月 29 日第十二届全国人民代表大会常务委员会第三次会议第二次修正）、《中华人民共和国土地管理法》（2019 年 8 月 26 日第十三届全国人民代表大会常务委员会第十二次会议修正）、《中华人民共和国矿产资源法》（2009 年 8 月 27 日第十一届全国人民代表大会常务委员会第十次会议修正）、《中华人民共和国渔业法》（2013 年 12 月 28 日第十二届全国人民代表大会常务委员会第六次会议修正）、《中华人民共和国野生动物保护法》（2016 年 7 月 2 日第十二届全国人民代表大会常务委员会第二十一次会议修订）、《中华人民共和国水土保持法》（2010 年 12 月 25 日第十一届全国人民代表大会常务委员会第十八次会议修订）、《中华人民共和国防沙治沙法》（2018 年 10 月 26 日第十三届全国人民代表大会常务委员会第六次会议修正）、《中华人民共和国可再生能源法》（2009 年 12 月 26 日第十一届全国人民代表大会常务委员会第十二次会议修正）等。

2.2　生态文明建设的行政法规

生态文明建设的行政法规是国务院为领导和管理国家各项环境保护行政工作，根据宪法和法律，并且按照《行政法规制定程序条例》的规定而制定的各类法规的总称。行政法规一般以条例、办法、实施细则、规定等形式组成。发布行政法规需要国务院总理签署国务院令。行政法规的效力仅次于宪法和法律，高于部门规章和地方性法规。目前，有关生态文明建设的行政法规主要有《中华人民共和国自然保护区条例》《国家突发环境事件应急预案》《规划环境影响评价条例》《排污费征收使用管理条例》《医疗废物管理条例》《废弃电器电子产品回收处理管理条例》《危险废物经营许可证管理办法》《危险化学品安全管理条例》《放射性废物安全管理条例》《畜禽规模养殖污染防治条例》等。

2.3　生态文明建设的部门规章

部门规章是国务院各部门、各委员会、审计署等根据法律和行政法规的规定以及国务院的决定，在本部门的权限范围内制定和发布的调整本部门范围内的行政管理关系的，并不得与宪法、法律和行政法规相抵触的规范性文件。主要形式是命令、指示、规定等。目前，有关生态文明建设的部门规章主要有《突发环境事件应急管理办法》《突发环境事件调查处理办法》《突发环境事件信息报告办法》《环境保护主管部门实施按日连处罚办法》《环境保护主管部门实施查封、扣押办法》《环境保护主管部门实施限制生产、停产整治办法》《建设项目环境影响评价分类管理名录》《建设项目环境影响后评价管理办法（试行）》《建设项目环境影响评价资质管理办法》《环境信息公开办法（试行）》《环境保护公众参与办法》《企业事业单位环境信息公开办法》《国家危险废物名录》《电磁辐射环境保护管理办法》《放射性物品运输安全监督管理办法》《排污费征收标准管理办法》《环境保护违法违纪行为处分暂行规定》等。

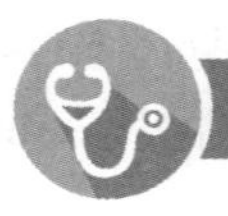

第三节　海南省生态文明法律和规章建设

3.1　海南省颁布的环境法律概况及综合性立法

党的十八届三中全会提出：“建设生态文明，必须建立系统完整的生态文明制度体系。”十八届四中全会在此基础上又提出：“用严格的法律制度保护生态环境”，深刻阐释了生态文明建设的法治作用。在此大背景下，海南抓住机遇加快落实生态立省战略，健全生态文明制度体系，先后制定出台了一系列旨在强化保护生态环境的地方性法规和制度。“十三五”期间，海南省已相继制定和修订了40多项环境保护的法规、规章。涉及环境污染防治、自然资源保护和开发利用、环境监督管理等各方面内容，为全省生态文明示范区建设提供了强有力的法律保障。

海南省环境保护综合性立法，为了保护、改善生活环境和生态环境，防治环境污染和其他公害，建设生态省，促进本省经济、社会可持续发展，根据《中华人民共和国环境保护法》及有关法律、法规，结合海南省实际，制定了《海南省环境保护条例》。该条例于1990年2月18日由海南省人民代表会议常务委员会第九次会议通过，2017年11月30日海南省第五届人民代表大会常务委员会第三十三次会议第四次修正。该条例包括了总则、

监督管理、保护和改善环境、防治环境污染和其他公害、法律责任和附则。修订后的《海南省环境保护条例》，在生态保护红线划定与管控要求、健全生态环境监测制度、各项污染防治措施、加大环境违法处罚力度等环境保护方面都做出了相应的调整，落实最严格法律责任，将环保工作中一些行之有效的措施和做法上升为法规，以完善环境保护制度。

海南省现已颁布的法律法规有《海南省生态保护补偿条例》《海南省自然保护区条例》《海南省饮用水水源保护条例》《海南热带雨林国家公园条例（试行）》《海南省红树林保护规定》《海南省生态保护红线管理规定》《海南省实施〈中华人民共和国野生动物保护法〉办法》《海南经济特区海岸带保护与开发管理实施细则》《海南省党政领导干部生态环境损害责任追究实施细则（试行）》《海南省人民代表大会常务委员会关于海南省资源税具体适用税率等有关事项的决定》等。

3.2　海南省颁布的有关环境污染防治的法律法规

海南省颁布的有关环境污染防治的法律法规包括《海南省水污染防治条例》《海南省大气污染防治条例》《海南经济特区农药管理若干规定》《海南省节约能源条例》《海南省机动车排气污染防治规定》《海南经济特区禁止一次性不可降解塑料制品规定》《海南省排污许可管理条例》等。

3.2.1　海南省水污染防治条例

为保护和改善环境，防治水污染，维护水生态，保障饮用水安全，维护公众健康，推进生态文明建设，促进经济社会可持续发展，根据《中华人民共和国环境保护法》《中华人民共和国水污染防治法》等有关法律法规，结合海南省实际，制定《海南省水污染防治条例》。该条例于 2017 年 11 月 30 日由海南省第五届人民代表大会常务委员会第三十三次会议通过。该条例立足海南水环境、水污染现状，对新时期海南省水污染防治工作所涉及的重要方面及问题做了系统的制度设计和安排。条例规定了海南省实行河长制的原则要求，明确了河长在其负责的行政区域内组织领导水环境治理、水污染防治等工作，构建河湖管理保护机制，落实属地责任。该条例对工业聚集区、城镇、农业和农村等方面的水污染防治分别做了要求。条例还对排污口的设置实施严格管理、水环境质量监测和水污染物排放监测及评价制度、排污单位自行监测制度、水污染突发事件应对制度等方面做出了规定，并结合《中华人民共和国水污染防治法》的规定对水污染防治的有关违法行为设定了严格的法律责任。

3.2.2　海南省大气污染防治条例

为了防治大气污染，持续改善大气环境质量，保障公众健康，促进经济社会可持续发展，根据《中华人民共和国环境保护法》《中华人民共和国大气污染防治法》等有关法律、行政法规，结合本省实际，海南省制定了《海南省大气污染防治条例》，于 2018 年 12 月 26 日由海南省第六届人民代表大会常务委员会第八次会议通过。该条例对海南省燃煤和其他能源污染防治、工业污染防治、机动车船等污染防治、扬尘污染防治、农林业和其他污染防治做出了明确规定。条例对省人民政府有关部门和市、县、自治县大气环境质量大气污染防治的目标责任制做出了规定。

3.2.3 海南省节约能源条例

为了推动全社会节约能源，提高能源利用效率，保护和改善环境，促进经济社会全面协调可持续发展，根据《中华人民共和国节约能源法》等有关法律法规，结合海南省实际，制定了《海南省节约能源条例》。该条例于2015年11月27日由海南省第五届人民代表大会常务委员会第十八次会议通过，2017年11月30日海南省第五届人民代表大会常务委员会第三十三次会议进行修正。该条例分为总则、节能和用能管理、激励措施和法律责任几个部分。该条例明确了海南省节能工作的原则，规定实行有利于节能和环境保护的产业政策，淘汰落后的生产能力，限制发展高耗能、高污染行业，加快发展现代服务业、先进制造业、热带高效农业，鼓励发展节能环保型产业，推动产业结构和能源结构调整优化。鼓励、支持开发和利用新能源、可再生能源。挖掘节能减排潜力，鼓励和支持发展蓄能型供冷产业。条例明确规定了部门职责，细化了节能管理，加大节能监督管理力度，建立健全了节能保障机制。

3.2.4 海南禁止一次性不可降解塑料制品规定

为了防治一次性不可降解塑料制品污染，保护和改善环境，推进国家生态文明试验区建设，根据有关法律法规的规定，结合海南省经济特区实际，制定了《海南经济特区禁止一次性不可降解塑料制品规定》。该规定由海南省第六届人民代表大会常务委员会第十六次会议于2019年12月31日通过，自2020年12月1日起施行。

该规定提出在本经济特区内禁止生产、运输、销售、储存、使用下列一次性不可降解塑料袋、塑料餐具等塑料制品：①含有非生物降解高分子材料的一次性袋类，包括购物袋、日用塑料袋、纸塑复合袋等商品包装袋和用于盛装垃圾的塑料袋；②含有非生物降解高分子材料的一次性餐饮具类，包括盒（含盖）、碗（含盖）、碟、盘、饮料杯（含盖）等；③省人民政府根据实际确定的其他需要禁止的一次性不可降解塑料制品。对于具体禁止的一次性不可降解塑料制品种类实行名录管理。禁止名录的制定和调整由省人民政府生态环境主管部门论证评估后提出，报省人民政府批准，并向社会公布。规定了县级以上人民政府的监督管理职责：应当加强禁止生产、运输、销售、储存、使用一次性不可降解塑料制品监督检查工作的组织协调，建立由市场监督管理部门牵头，生态环境、旅游文化、农业农村、交通运输、环境卫生、综合执法等有关部门参与的联合执法机制，及时查处违反本规定的行为。该规定还明确提出推行“生产者责任延伸制度”，这将督促生产和销售企业，利用其销售网络回收废弃的一次性不可降解塑料制品，并对回收的塑料制品进行资源化利用，提高回收利用效率。该规定还规定了违反法律规定所应当承担的法律责任。

3.3 海南省颁布的有关自然资源保护和开发利用的法律

海南省颁布了一系列有关自然资源保护和开发利用的法律，涉及森林、海岸带、湿地、野生动物、饮用水、农田、珍稀濒危野生动植物等各类环境要素的保护和开发利用。包括《海南省生态保护补偿条例》《海南省自然保护区条例》《海南省饮用水水源保护条例》《海南经济特区水条例》《海南省城乡供水管理条例》《海南热带雨林国家公园条例（试行）》《海南热带雨林国家公园特许经营管理办法》《海南省红树林保护规定》《海南省生态保护红线管理规定》《海南省实施〈中华人民共和国野生动物保护法〉办法》《海

南省珊瑚礁和砗磲保护规定》《海南经济特区海岸带保护与开发管理规定》《海南经济特区海岸带保护与开发管理实施细则》《海南省南渡江生态环境保护规定》《海南省万泉河流域生态环境保护规定》《海南省松涛水库生态环境保护规定》《海南省河道采砂管理规定》《海南省永久基本农田保护规定》等。

3.3.1　海南省生态保护补偿条例

生态保护补偿机制作为平衡环境利益、经济利益、社会利益的重要手段，是连接“绿水青山”与“金山银山”的重要桥梁，更是海南牢固树立和全面践行“绿水青山就是金山银山”理念的重要制度保障。为了建立与海南自由贸易港相适应的生态保护补偿机制，保护和改善生态环境，促进国家生态文明试验区建设，推动经济社会可持续发展，根据《中华人民共和国环境保护法》等有关法律法规，结合海南省实际，制定了《海南省生态保护补偿条例》。该条例于2020年12月2日由海南省第六届人民代表大会常务委员会第二十四次会议通过。条例的主要特点包括：实行各级政府统筹协调与自主探索相结合。明确县级以上人民政府通过财政转移支付等方式，对森林、湿地、海洋、渔业、耕地等重点领域和国家公园等重点生态区域内承担生态保护责任的有关单位和个人按照规定给予补偿。在规定的补偿范围之外，市、县、自治县人民政府可以根据本地区生态功能定位、本级财力状况等因素扩大生态保护补偿范围和提高补偿标准。突出重点领域和重点区域补偿，包括重点生态功能区、国家公园、自然保护区、自然公园、生态保护红线确定的区域、饮用水水源保护区、国家和本省确定的其他重点生态区域。特别设置了海洋生态保护补偿的条款，并将海湾、河流入海口、海岛、滩涂等重点海洋生态系统纳入补偿范围。

3.3.2　海南热带雨林国家公园条例

为了加强海南热带雨林国家公园的保护和管理，维护生态安全，推进国家生态文明试验区建设，根据有关法律、法规和国家授权，结合海南热带雨林国家公园实际，制定了《海南热带雨林国家公园条例（试行）》（以下简称《条例》），已由海南省第六届人民代表大会常务委员会第二十二次会议于2020年9月3日通过。海南热带雨林国家公园保护对象包括：①热带雨林、热带季雨林；②水源涵养区、河流、湖泊、湿地、草地、荒地、滩涂、地质遗迹、矿产资源；③野生动植物及其栖息地；④天然种质资源；⑤黎族、苗族等少数民族传统文化、文物古迹、特色民居等人文资源；⑥其他需要保护的资源。《条例》规定禁止在海南热带雨林国家公园内从事下列活动：①围、填、堵、截河湖或者改变自然水系；②开山、采石、采矿、砍伐、开垦、烧荒、挖沙、取土、捕捞、放牧、采药；③猎捕、杀害野生动物，擅自采集国家和省级重点保护野生植物；④使用剧毒、高毒、高残留农药；⑤排放有毒有害物质或者超标准排放废水、废气；⑥修建储存易燃、易爆、放射性、有毒或者有腐蚀性物品的设施；⑦运输、携带、引进外来物种、转基因生物、疫原体或者其他带有危险性有害生物的土壤、动植物及其制品进入海南热带雨林国家公园；⑧培植、饲养、繁殖各类外来物种或者转基因生物；⑨法律、法规规定禁止的其他活动。

同时，为了规范海南热带雨林国家公园特许经营活动，严格保护和合理利用自然资源，实行自然资源有偿使用制度，根据有关法律、法规，结合海南热带雨林国家公园实际，制定了《海南热带雨林国家公园特许经营管理办法》。该办法于2020年12月2日由海南省第六届人民代表大会常务委员会第二十四次会议通过。该办法规定了特许经营范围、特许经营者的确定方式、特许经营使用费的有关规定、国家公园管理机构及县级以上人民政府的监督管理职责。

3.3.3 海南省生态保护红线管理规定

为了加强生态保护红线管理，保障本省生态安全和生态环境质量，促进经济社会可持续发展，根据《中华人民共和国环境保护法》《中华人民共和国海洋环境保护法》等法律、法规，结合本省实际，制定《海南省生态保护红线管理规定》。该规定于2016年7月29日由海南省第五届人民代表大会常务委员会第二十二次会议通过。规定了划入生态保护红线的区域，包括重点生态功能区、生态环境敏感区和脆弱区：①自然保护区等重要生物多样性保护区、饮用水水源保护区等重要水源保护和涵养区、重要水土保持区、重要防洪调蓄区；②森林公园、湿地公园、地质公园等旅游功能保护区；③海岸带自然岸线及邻近海域；④海洋特别保护区，重要入海河口，红树林、珊瑚礁和海草床集中分布区，潟湖等；⑤其他具有重要生态功能或者生态环境敏感、脆弱的区域，包括公益林、天然林、水产种质资源保护区、重要渔业水域等。按照保护和管理的严格程度，生态保护红线区划分为Ⅰ类生态保护红线区和Ⅱ类生态保护红线区。具有极重要生物多样性保护、水土保持、水源涵养等生态服务功能的区域以及海岸带、海洋生态环境极敏感、脆弱区域，应当划为Ⅰ类生态保护红线区，至少包括自然保护区的核心区和缓冲区、饮用水水源一级保护区、野生近缘种分布区、领海基点保护范围等区域。此外，还规定了违反本规定在生态保护红线区内进行开发建设等活动应承担的法律责任。

3.3.4 海南经济特区海岸带保护与开发管理规定

为了加强生态保护红线管理，保障本省生态安全和生态环境质量，促进经济社会可持续发展，根据《中华人民共和国环境保护法》《中华人民共和国海洋环境保护法》等法律、法规，结合本省实际，制定了《海南经济特区海岸带保护与开发管理规定》。该规定于2013年3月30日由海南省第五届人民代表大会常务委员会第一次会议通过，2019年12月31日海南省第六届人民代表大会常务委员会第十六次会议通过修订版。该规定是目前我国唯一由省级地方人大制定、现行有效的有关海岸带管理的地方性法规。

该规定明确了海岸带规划：一是省人民政府城乡规划行政主管部门负责会同本级人民政府相关行政主管部门编制本经济特区海岸带总体规划，报省人民政府批准实施。二是沿海市、县、自治县人民政府城乡规划行政主管部门会同本级人民政府相关行政主管部门和沿海乡镇人民政府、沿海国有农（林）场依据海岸带总体规划编制本行政区域的海岸带规划，经市、县、自治县人民政府审批后，报省城乡规划行政主管部门备案。三是海岸带总体规划及市、县、自治县海岸带规划应当符合城乡总体规划、土地利用总体规划、海洋功能区划，并与旅游规划、环境保护规划、沿海防护林规划、综合交通规划等相关专项规划相衔接。规定了任何单位和个人不得非法圈占海滩，不得非法限制他人正常通行。省人民政府应当加强对围填海造地的管理，严格控制围填海造地规模。明确了沿海区域自平均大潮高潮线起向陆地延伸最少200 m，以及特殊岸段100 m范围内，不得新建、扩建、改建建筑物。

3.3.5 海南省红树林保护规定

为了加强对红树林资源的保护管理，保护生物物种多样性，抵御海潮、风浪自然灾

害，促进沿海生态环境改善，根据《中华人民共和国森林法》和《中华人民共和国海洋环境保护法》等有关法律、法规，结合本省实际，制定了《海南省红树林保护规定》。该规定于1998年9月24日由海南省二届人大常委会第三次会议通过，2017年11月30日海南省第五届人大常务委员会第三十三次会议第二次修正。规定了本省行政区域内红树林资源的保护管理范围，包括：①红树林自然保护区；②已在沿海潮间带生长的红树林；③红树林地，含生长红树林的滩涂、湿地和县级以上人民政府规划用于恢复、发展红树林的滩涂、湿地；④在红树林栖息、觅食和过往停留的候鸟及各种野生动物。规定了禁止性活动：禁止在红树林自然保护区内从事畜禽饲养、水产养殖等活动；严禁开设与红树林自然保护区保护方向不一致的参观、旅游项目。禁止砍伐红树林。禁止在红树林自然保护区和保护林带内猎捕鸟类等野生动物、捡拾鸟卵和雏鸟、毁巢；禁止以鸣笛、追赶等方式惊吓野生水禽，干扰鸟类觅食、繁殖；禁止在红树林自然保护区和保护林带内捕捞、采药、毁林挖塘、填海造地、围堤、开垦、采石、烧荒、采矿、采砂、取土及其他毁坏红树林资源的行为；禁止非法占用或者征收红树林用地；禁止在红树林自然保护区和保护林带内排放有毒有害物质，倾倒固体、液体废弃物，或者设置排污口；禁止任何单位和个人在红树林自然保护区内引入外来物种。并规定了违反规定所应当承担的法律责任。

综上，近年来海南生态文明建设法治化取得了新进展，一系列关于生态文明建设的地方性法规和规章制定出台。生态文明建设法治化，是巩固提高生态环境质量的利器。但“徒法不足以自行”，法律法规的生命在于实施。

（1）2016年海南省六界省政府第26次常务会审议通过了《海南省人民政府关于深入推进六大专项整治加强生态环境保护的实施意见》。意见针对海南生态文明建设实践中的突出问题，责成相关单位、部门切实提高执行力。

（2）2018年，海南省人民政府办公厅印发海南省深化生态环境六大专项整治行动计划（2018—2020年）的通知，计划中明确提出，结合海南省实际，持续深化整治违法用地和违法建筑，城乡环境综合整治，城镇内河（湖）水污染治理，大气污染防治，土壤环境综合治理，大气污染防治，土壤环境综合治理，林区生态修复和湿地保护六大专项整治，着力解决生态破坏和环境污染突出问题，坚决打好污染防治攻坚战，确保环境质量只能更好，不能变差。

（3）截至2021年年底，海南省城镇内河（湖）水质达标率94.2%，优良率44.2%，整体水质状况达到了治理以来的最好水平；2019年度全省$PM_{2.5}$年浓度为16微克/立方米，创$PM_{2.5}$监测以来的最好水平；主要河流湖库水质优良率为93%，高于全国平均水平（国控）23.4个百分点；在土壤方面，开展受污染等耕地安全利用河管控工作，已完成安全利用12.8万亩，禁养区面积为11706.98 km^2，与全省陆地面积3.88%，守牢生态环境安全底线，现有陆域生态保护线面积9337 km^2，名本岛陆域国土面积27.3%；海洋生态保护组线面积8317 km^2，占近岸海域面积35.1%，累计完成涂抹绿化58.2万亩，森林覆盖率稳定在62%以上，海南全面践行“绿水青山就是金山银山”理念，加快推进国家生态文明试验在建设，为全国生态文明建设做出了表率。

生态文明建设是我国实现可持续健康发展的必要条件。实现这个目标，需要社会共同治理，国家层面不断完善法律和政策，提升环境治理能力和水平，社会层面各类企业和组织，承担相应的责任，作为普通个人需要身体力行，从生活方式方面，践行生态保护理念，共同助力生态文明建设。

思考题

（1）生态文明法律体系分为哪几个部分？

（2）怎样认识环境与资源保护立法的目的？

（3）简述近年来海南省在生态文明法制建设中的实践，颁布的有关环境与资源保护的法律法规有哪些？立法目的是什么？

（4）试述环境与资源保护法律体系在法律体系中的地位和作用。

（5）结合实际事例，分析公众在环境资源法实践中应当如何践行。

第七章 海南省生态文明教育建设

要点导航：

(1) 掌握生态文化的内涵。

(2) 熟悉海南省教育系统开展生态文明建设的实施情况。

(3) 了解海南省开展生态文明宣传的途径。

生态文明教育是人类为了实现可持续发展和创建生态文明社会，而将生态文明相关思想、理念纳入基础教育的过程，也是普及生态文明理念最基本的途径。大众生态文明教育难以模式化、系统化，需因时、因地、因人制宜，并针对不同人群设定不同的目标导向。例如，对各级领导干部而言，应树立正确政绩观，时刻挂怀人民群众生产生活环境的安全和健康，把保护一方山水之美、万代生存之资作为应尽之责；同时担当起弘扬生态文明理念、培育绿色生活风尚的责任。对企业经营者而言，他们身处经济发展与环境保护矛盾的前沿，必须导之以正确的财富观念，赋予其明确的环保义务，帮助他们摒弃利润至上的经营理念。对其他社会公众，则需通过灵活多样的途径方法，广泛宣传相关法律、政策，增强其环境保护意识、参与精神；同时，帮助他们学习和掌握节能环保技术方法，树立适度、合理、俭朴的消费观念，形成资源节约、物尽其用和环境友好的绿色消费方式，摒弃炫耀性、奢靡性消费。

第一节　生态文化

文化是文明的基础，文明是人类文化发展的成果，是人类改造世界的物质和精神成果的总和，是人类社会进步的标志。生态文化就是人类克服生态危机的新的文化选择，是人类生态智慧和文化积淀的结晶，是人类认知自然、感悟自然、尊重自然、回归自然的共同成果。《中共中央关于深化文化体制改革推动社会主义文化大发展大繁荣若干重大问题的决定》开宗明义地指出，文化是民族的血液，是人民的精神家园。

1.1　生态文化的内涵

作为人类新的生存方式，它是人与自然和谐发展的文化。这是从人统治自然的文化，过渡到人与自然和谐的文化。它有广义和狭义两种定义。狭义上：是以生态价值观为指导的社会意识形态、人类精神和社会制度，如生态政治学、生态哲学、生态伦理学、生态经济学、生态法学、生态文艺学、生态美学等社会意识形态，以及人民民主的社会制度；广义上：是人类新的生存方式，即人与自然和谐发展的生产方式和生活方式。

生态文化的结构，包括文化的三个主要层次：第一，生态文化的精神层次，包括伦理观的生态转型和价值观的生态转型；第二，生态文化的制度层次，用法律法规来调节和规范人与社会、人与自然之间的行为关系，使环境保护和生态保护制度化；第三，生态文化的物质层次，包括科学技术发展的生态转型和经济发展的生态转型。

1.2　新时代生态文化建设的路径

要解决当代文明的两大困境，使人类文明之花在工业文明的文化遗墟上绽放得更加绚烂，就必须积极推进新时代生态文化建设，就必须将物质、制度、行为和精神层面作为一个文化有机整体，以保证生态文化建设的系统性、可操作性与有效性。

首先，转变生产和生活方式，实现经济生活生态化。习近平总书记指出，生态环境问题归根结底是发展方式和生活方式问题，它“倒逼经济发展方式转变，提高我国经济发展绿色水平”。在生产方式上，推动形成绿色发展方式和生活方式，坚持“节约优先、保护优先、自然恢复”为主的方针，形成节约资源和环境保护的空间格局、产业结构、生产方式、生活方式；推动所有产业向生态产业、环保产业和绿色产业转变，实现生产方式的超越。在消费模式上，转变传统的消费主义模式，将消费目的转移到满足人的“实际需要”上来，形成绿色消费理念，重新将“生产—消费”组织成为一个有机的系统。

其次，改变传统的思维方式、价值观念、审美情趣。以生态文明思想武装我们的大脑，倡导尊重自然、爱护自然的绿色价值观念，使生态环保成为社会生活的主流文化。同时，依靠政府和社会的力量加强宣传教育和社会普及，把生态环保的思维方式、价值观念和审美趣味转化为人们的实际行动，让生态观念在全社会内化于心，将生态建设意识外化于行，在全社会掀起建设生态文化的现实行动。

最后，健全的制度是建设生态文化的根本保障。制度建设是文化建设的一个重要层面，“它对人的行为具有强有力的约束和激励作用，即它禁止某些行为而激励另一些行为”。就生态文化制度建设而言，一方面既要建立生态环保红线，又要确立生态建设规划线，以“双线同划”确保对生态问题源头防范、根源治理；另一方面要用制度管权治理，做到真抓、真管、真执行，确保“制度的刚性和权威树立起来；不得做选择、搞变通、打折扣”。同时，严格责任制和考核制，对“不顾生态环境盲目决策、造成严重后果的人，必须追究其责任，而且应该终身追究”，将污染防治和生态环保作为政绩考核标准之一。制度的执行还必须以法律法规为支撑，只有健全和完善的法律法规才不会让制度成为“没有牙齿的老虎”。在法治上，一方面，针对破坏生态环境，阻碍生态文化建设的现象，要做到有法可依、有法必依、违法必究、执法必严；另一方面，要建立对积极推进生态文化建设行为的奖励机制，通过政策和法律法规的规范和引导，更好地推进生态文化建设。

1.3　新时代生态文化建设的意义

1. 生态文化有助于解决生态危机、建设生态文明

在工业文明阶段，人与自然的关系是“征服自然、改造自然”，人占有物质世界的欲望被无限放大，造成生产与消费不再是一个有机的系统；资源浪费、环境污染、生态破坏等情况屡有发生，使得人类面临着失去物质和精神生存家园的危机。生态文化以其反思性，在吸收工业文明成果的基础上对其文化土壤积极扬弃，以文化样态的进化推动人类文明的提升。首先，生态化的精神文化是建设生态文明的基本前提；其次，生态化的制度是建设生态文明的根本保障；最后，生态化的行为是建设生态文明的现实路径。

2. 生态文化有助于丰富人的精神境界、促进人的全面发展

习近平总书记指出，生态文化建设必须以人与自然和谐共生、“绿水青山就是金山银山”为基本原则，必须用“新发展理念”指导实践。这就要求我们在实践中将自然生态视为我们的身体，以实现自然、人与社会的和谐共生。

自然、人与社会和谐的生态文化也是促进人的全面发展的前提。人的全面发展，主要表现在伴随社会发展进程的人与自然、人与他人、人与自我的和解之中，表现在自然、人与社会的和谐共生之中。

3. 生态文化有助于提升文化软实力、增强综合国力

生态文化能够为建设新时代生态文明提供思想保证、精神动力、凝聚力量，从而提升我国的文化软实力，增强综合国力。

总之，生态文明和生态文化紧密联系在一起。生态文化是生态文明的基础和支撑，生态文明是生态文化的核心内容和优秀成果。生态文明秉承生态文化的价值取向，批判地吸收了农业文明、工业文明的积极成果，倡导绿色消费和适度消费，从而促进了人与自然的和谐相处。生态文明建设是整个文明形态的转变与升级，是一次文化大变革，生产方式、消费模式、思维模式、行为模式都应该发生根本性的变化。生态文化建设的最终目标是树立生态理念，倡导绿色发展，共建生态文明。生态文化建设的首要任务，就是通过文化启蒙将生态价值观和生态意识渗入公众的心灵，即以先进的生态理念为指导，在微观上逐渐引导公众的价值取向、生产方式和消费模式的转型，在宏观上逐步影响和指导决策行为、管理体制和社会风尚。

第二节　海南省生态文明宣传教育建设

生态文明教育是人类为了实现可持续发展和创建生态文明社会，而将生态文明相关思想、理念纳入日常工作宣传的过程，也是普及生态文明理念最根本的途径。大众生态文明教育难以模式化、系统化，需因时、因地、因人制宜，并针对不同人群设定不同的目标导向。习近平总书记指出：“要加强生态文明宣传教育，增强全民节约意识、环保意识、生态意识，营造爱护生态环境的良好风气。”这一重要论述指出了生态文明宣传教育的重要意义、重点内容和目标要求，为加强生态文明宣传教育、推进生态文明建设指明了方向。

2.1　生态文明宣传教育的内容

生态文明宣传教育涵盖的内容丰富，着重从以下四方面着手。

1. 生态环境现状及知识的教育

生态环境现状及知识的教育主要介绍全球和我国的环境污染、生态危机的现状，宣传新的生态环保知识，提高大众的生态知识，激发大众的生态环境保护意识，增强全民节约意识、环保意识、生态意识，营造爱护生态环境的良好风气。

2. 生态文明观念教育

生态文明观念教育是从生态文明教育的核心内容出发，主要介绍生态安全观、生态文

明价值观、绿色消费观等。

3. 生态文明法治教育

生态文明法治教育主要是普及相关生态文明建设法律、法规和规章。例如，《国家突发环境事件应急预案》《排污费征收使用管理条例》《医疗废物管理条例》《废弃电器电子产品回收处理管理条例》《危险废物经营许可证管理办法》《危险化学品安全管理条例》《畜禽规模养殖污染防治条例》等，引导大众自觉履行生态环境道德义务，自觉参与生态保护。

4. 生态文明技能教育

生态文明技能教育主要是推广绿色新科技在日常生活中的实践，为生态文明发展提供内生动力，比如节能减排技术。

2.2　生态文明宣传教育

生态文明教育是全民教育，它的主体和对象具有广泛性。教育的对象除了以大、中、小学学生、幼儿为对象外，还应包括各级政府人员、普通大众等，同时要在精准扶贫中，推动生态文明建设与民生紧密结合，宣传绿色发展。

2.2.1　对青少年进行生态文明宣传教育

青少年生长发育旺盛，接受新知识、新观念快，可塑性强。因此，对青少年进行生态文明宣传教育，容易在他们幼小的心灵中播下“保护环境美，破坏环境丑”的种子，从而使他们自觉地爱护生态环境、热爱大自然。生态环境保护具有广泛的社会性和长期性，需要一代又一代人的持续努力。青少年是未来的建设者，他们如果在接受基础教育的同时就树立了一定的生态意识，并怀有保护环境的责任感、义务感，将来走上工作岗位后，就有可能避免重蹈前人的覆辙。因此，对生态文化宣传教育要从娃娃抓起。

第一，海南省教育部门应加强对青少年进行生态知识教育与生态意识培养，对幼儿园的娃娃们主要进行环境科普知识与保护环境行为的启蒙教育；对中小学生的生态文化教育是将生态科普知识、环境保护知识和生态道德规范、环境法律知识教育相结合，在中小学的有关课程以及课外读物中增加生态科学、环境保护、可持续发展理论、生态伦理学、环保法规等内容；在中专教育、高等教育和成人教育中普遍开设生态文化课程，并且把建设“生态海南”的知识、法规引入其生态教育内容之中。

第二，有关部门每年寒暑假应组织学生开展生态旅游冬（夏）令营活动，参观生态保护示范区或生态文化教育基地，领略海南美丽的自然风景。平时定期开展义务植树绿化、清除污染、“文明大行动”等环保公益劳动，如每年定期开展以“关爱我们的家园”为主题的青少年清除白色垃圾行动日活动。此外，还可开展环境保护文化活动，比如在中小学生中开展以“热爱大自然，热爱海南”为主题的作文比赛、诗歌朗诵比赛等；在大学生中开展以“生态环境，人与自然”为主题的演讲赛、辩论赛以及摄影绘画比赛等活动。总之，对青少年进行生态文化宣传教育，要通过课堂教育与课外教育、知识教育与活动教育相结合等生动活泼的形式，将生态文化教育贯穿于整个教育过程之中，这样才能培养出具有生态文化素质的新一代海南人。

图 7－1　海南华侨中学初一学生在现场体验垃圾分类 VR 游戏（来源：《海南日报》）

2.2.2　对领导干部进行生态文化知识培训

各级领导干部是否具备生态文化观念与知识，是衡量他们是否具备领导建设“生态海南”的水平与能力的重要标准之一。只有用生态文化观念和知识武装起来的干部队伍，才能率领全省人民实施“生态海南”建设的宏伟工程。因此，要加强对各级党政领导干部进行生态文化知识培训。

海南省应把对各级领导干部进行生态文化宣传教育引入省委党校和公务员培训内容之中，努力提高各级领导干部的环境与发展综合决策能力。每年定期举办生态文化专题培训班，系统学习生态科学、可持续发展理论、环境与发展综合决策理论和有关环境保护、资源管理的法律法规。将学习和掌握生态文化知识与“生态海南”建设知识纳入领导干部工作考核内容，与任职、晋升相结合，以强化各级领导干部的生态意识与可持续发展观念。适时举办领导干部“生态海南”建设理论专题研讨会，并邀请有关专家学者参加，以提高领导干部实施“生态海南”建设的决策水平与驾驭能力。

2.2.3　开展全民生态文化普及宣传工作

海南实施“生态海南”建设是全省人民的共同事业，生态环境的优劣关系到每个人的切身利益。只有对全省人民都进行生态文化的普及宣传教育，才能提高全省人民的生态意识，保护好海南良好的生态环境和丰富的热带资源，保证海南经济与社会的可持续发展。

1. 加大新闻媒体宣传力度，做好正面引导

加强生态环境宣传，普及生态文明国情国策、法律法规和科学知识，全面提升公众生态文明意识；加大生态文明宣传教育，推进生态文化建设；挖掘本土优秀生态文化资源，创作生态文化文艺精品。组织开展世界地球日、世界环境日、世界水日、国际生物多样性日和节能宣传周等主题宣传活动。积极开展绿色企业、绿色社区、绿色学校、绿色家庭创建活动；加强生态环境保护和生态文明建设宣传教育队伍建设，提升环境保护和生态文明

建设宣传教育水平。

海南人民以拥有优美的生态环境而自豪，可以说海南的生态环境是自然禀赋，更是自觉保护的结果。建省办经济特区以来，特别是党的十八大以来，海南通过全社会有组织的生态文明教育和生态文化、生态伦理建设，进一步提高了公众的生态文明意识，从而在全省上下形成了具有强烈生态文明建设使命感的“内生动力机制”，形成了政府、企业、公众、共治的生态文明建设合力。在全省各城市中心、著名旅游景点、海岸港口、汽车站、公园等公共场所与闹区（甚至汽车、楼房等）都挂上生态文化公益广告、公益广告标语、公益广告宣传画或历史名人赞美海南的名诗佳句的宣传图，使整个海南岛到处都充满了生态文化气息，使所有海南居民与游人到处都能感受到海南浓厚的生态文化氛围，把整个海南岛营造成一个美丽的生态文化大公园。海南省科学技术协会每年 11 月举办一期“建设生态省大型科普展览”，由有关专家学者组成生态教育讲师团，以生态文化和“生态海南”建设为主题，有计划、有重点、分层次、求实效地深入到各市县向干部群众进行系统的生态文化知识讲座与培训。

2. 倡导绿色生活方式，推进公众参与生态文明建设

推行勤俭节约、绿色低碳、文明健康的绿色生活方式，营造以绿色饮食、绿色居住、绿色出行、绿色休闲为主导的生活氛围。积极推广使用节能型电器、节水型设备等节能环保低碳产品。推广绿色低碳出行，提倡乘坐公共交通工具、骑自行车、开环保汽车等出行方式。完善公众参与制度，及时公开各类环境信息；建立生态环境保护社会监督员制度。

图 7－2　2020 年海南省妇联生态文明宣传活动

目前，海南已经成为全国五星级酒店和国际旅游酒店品牌落户中国最为密集的地区之一。全域旅游向边远农村延伸，以“农家乐”“生态游”为主要内容的乡村旅游初具规模，生态环境保护制度和制度实施以“人与自然和谐共生”为目标持续推进，以路、光、水、电、气“五网”为代表的基础设施建设成绩斐然。海南路网进入全岛“高速”“高铁”时代，为绿色出行奠定了物质技术基础。海南电网所输送电力的 1/3 来自光伏、风力、水利、核能等绿色能源，这为国家约束性指标“节能减排”的完成、绿色生产方式和绿色生活方式的实现奠定了物质技术基础。与此同时，海南还通过推动互联网、物联网、大数据、卫星导航、人工智能同实体经济的深度融合，促进绿色生产方式与绿色生活方式的良性互动。

2.4 生态文明建设与民生的紧密结合宣传

海南有5个国定贫困县，其中4个是少数民族市县，集中构成海南岛中部山区热带雨林国家重点生态功能区。海南在精准扶贫过程中，对中部山区严格实施了生态红线保护和严禁房地产开发政策，以绿色产业扶贫、生态补偿和生态移民扶贫等方式，在提高贫困户收入水平和脱贫致富能力的同时，保护了生态环境。近五年来，全省减少贫困人口61.9万人，贫困发生率由12.3%降至1.5%，517个贫困村整村脱贫。精准扶贫走出绿色发展之路的，并不仅仅局限在国家重点生态功能区。作为海南贫困人口绝对数最多的市县，儋州的生态环境竟然保持得如此好：全市古树众多，尤以野生荔枝林、见血封喉（又名箭毒木）、古榕为盛；峨蔓镇的彩色火山岩海岸、红树林带拥抱的千亩千年古盐田等如“闺中少女”，是弥足珍贵的“绿色银行”。

第三节 海南省生态文明教育建设

在生态文明建设过程中，思想观念是一个急需解决的问题。教育是一种活动，旨在有目的、有组织地培养人才，从而促进人们思想观念的转变，并且为人们树立正确的生态价值观念提供帮助。教育作为生态文明建设发展的助推器，多方面、多角度地推动了生态文明的建设，因此，生态文明建设需要教育的积极参与与大力支持。只有认清教育在生态文明建设中的作用，并将其充分发挥，生态文明建设才能朝着正确的方向稳步发展。

学生易于接受新的思想理念，并具有较强的践行能力。因此，学校开展生态文明教育对于生态文明教育在全社会的普及具有重要意义。这就要求学校将生态文明相关知识贯穿于教育事业的各方面和全过程，教学工作应紧紧围绕生态文明建设目标进行相应的调整，因地制宜、分类开展，最终实现生态文明教育常规化、系统化。

自联合国发布《2030年可持续发展议程》《可持续发展教育全球行动计划》以来，联合国教科文组织不断加大世界各国推进可持续发展教育的力度。我国教育部根据相关规划也进一步做出了“加强可持续发展教育”的最新部署，而面向未来的学校建设可以在可持续发展的视角下，聚焦生态文明，开展生态教育，创建生态校园。海南省根据国家生态文明建设目标任务，根据本省的特点，在生态文明教育方面开展了一系列工作。

3.1 海南省学校生态文明教育概况

2010年，海南省教育厅印发《海南省教育厅环境综合整治工作方案》，要求在中小学校开设与海南地理、生态文明教育、环境保护等相关的地方课程，进一步增强学生的生态文明和环境保护意识。

开展生态文明教育，教师是关键，课程是基础，学生是主体。然而，海南目前从事生

态文明教育的师资力量严重不足。因成长环境和经历所限，现有的教师队伍不论是知识结构还是思维方式都存在一定缺陷，不得不学、研、教同时进行，教师们任务重、压力大。同时，由于生态文明教学工作起步不久，难免存在课程良莠不齐、教材辗转抄编、思想彼此扞格、知识相互矛盾等问题。这就急需组织精干队伍，开设优质课程，编写优秀教材。

3.2　海南省学校生态文明教育措施

2017 年，海南省委审批通过有关进一步加强海南生态文明建设的《中共海南省委关于进一步加强生态文明建设的决定（征求意见稿）》（以下简称《决定》），加快推进生态文明教育进校园，普及青少年生态文明教育，把校园生态文明教育纳入学生素质教育的基本内容。海南省教育厅坚决落实《决定》精神，结合海南生态文明建设实际，2018 年印发了大力推行生态文明教育的《海南省教育厅关于大力推行生态文明教育的实施意见》（以下简称《意见》）。

《意见》要求，各市县教育部门及学校要坚持将生态文明教育融入课程教学、校园文化；坚持教育教学与社会实践相结合，设立一批生态文明教育基地，实现理论与实践相结合，增强学生的积极主动性；要把生态文明教育作为素质教育的重要内容，2020 年基本完成具有海南特色的生态文明教育地方教材（课程）体系建设，提升师资队伍开展生态文明教育的水平；到 2022 年，我省将实现生态文明教育地方教材（课程）体系大中小学全覆盖，文明校园创建活动大中小学全覆盖，生态文明教育取得显著成效。为实现 2020 年的总体目标。《意见》还提出要以创建“文明校园”为总抓手，加强教师培训，提高教师的生态文明修养和知识水平，开展“生态文明主题日”校园文化活动，积极建设绿色校园。各高等院校要开展生态文明教育课题研究，将生态文明理念融入各学科专业的教育教学中。

《意见》要求各市县教育部门及学校重视生态教育，加强组织领导，强化人员和经费保障，加强督导考核，保障目标的达成，要指定专人负责，研究制定具体实施办法；要把地方教材编制、学校教师培训和学校生态文明教育宣传活动等工作列入市县教育局和学校财政年度预算，并给予保障；将生态文明教育工作作为领导班子和领导干部工作实绩考核的重要内容，并定期进行督促检查，总结经验教训，表彰奖励先进、督促后进。

该《意见》对海南省学校生态文明教育提出了具体的要求和目标，并建立了考核机制，有力推动了海南省学校生态文明教育的开展。

3.3　海南省高校生态文明教育开展案例

作为海南省唯一一所公办高等医学院校，海南医学院有责任也有义务做好生态文明教育工作。全校上下认真贯彻落实党的十九大精神，以习近平新时代中国特色社会主义思想为指导，不断深化巩固文明城市工作，提高全校文明程度，在优化校园发展环境上下功夫，在提高学生文明素质上下功夫，充分展示学校良好形象。

1. 创建生态文明校园

学生的大部分时间在学校，构建生态校园是实现生态教育的关键。为此，海南医学院坚持将生态文明教育融入校园文化。充分发挥校园文化育人作用，普及开展生态文明主题日校园文化活动，创建文明校园，建设绿色校园。用生态教育理念构建精神文化，打造学校生态文化建设的核心与灵魂；用生态教育理念落实道德教育，增设班主任，为学生提供全方位、个性化的指导和帮助的育人模式，加强师生间的沟通，形成文明、和谐、进取、有序的校园文化氛围。

每年结合全国低碳日、节能宣传周、中国水周、全国爱粮节粮宣传周和世界粮食日等开展主题活动，广泛开展以绿色文明、节能低碳、节水节电节粮等为重点内容的教育和组织社会实践活动；引导师生从我做起，从现在做起，从小事做起，开展“生态文明生活方式”养成教育；从节约一度电、一滴水、一张纸和爱护花草树木开始，倡导“光盘行动”，培养勤俭节约、反对浪费的行为习惯，营造节约型绿色校园的良好氛围。

2. 环境保护理念与生态教育结合

开展“生态文明主题日”校园文化活动，营造生态文明教育良好氛围。环境与生态相辅相成，良好的生态环境是人类赖以生存和发展的基础。环保问题已经成为全世界普遍关心的问题，可持续发展正成为人们的共识。结合世界环境日、世界地球日、世界海洋日、生物多样性保护日、植树节、爱鸟日等生态主题日，开展各种生态文明宣传、环境知识竞赛、环境征文、环境夏令营等一系列绿色环保活动，充分激发学生参与生态文明活动的积极性和主动性，让学生深刻了解保护环境和生态文明建设的重要性和迫切性。

同时，营造校园生态文明建设氛围。利用学校建筑打造生态文明文化墙，让学生随时随地获取生态文明知识，让学生在一个良好的生态文明氛围中接受教育并健康成长。

3. 打造生态文明教育基地，坚持教育教学与社会实践相结合

设立一批生态文明教育基地，让学生既能接受理论知识，又能亲自实践体验，从而提高学生参与生态文明建设的积极性和主动性。相对于课堂理论知识学习而言，实践教学对学生更具吸引力并且更具直观性。海南医学院大力推动生态文明基地建设，利用森林公园、湿地公园、烈士陵园等生态资源，建成美舍河湿地公园基地、双创广场基地、东寨港红树林自然保护区基地等。支持和引导社会民众、学校学生和家长亲近自然，参与生态文明社会实践活动；组织学生开展研究性学习、社区服务志愿者服务和社会实践，开展一系列与生态文明教育相关的研学旅行活动。通过教育基地的参观学习，学生对生态文明建设有了更深的认识。

4. 加强教师培训，提高教师生态文明修养和知识水平

教师是知识的传播者，尤其是在信息网络化时代，知识的更新速度远远超过以往，仅有的“一桶水”已经满足不了现代教学。因此，必须加强对教师生态文明知识的培训，开展生态文明专题教育；在国培计划、省培计划等各级各类教师培训中融入生态文明课程内容；积极开展乡村田园课程现场展示交流活动，推送教师去企事业单位学习，提高广大教师的生态文明知识水平，提高“双师型”① 队伍建设力度；积极邀请相关企业专业人员从实践角度进行专业教育。

---

① “双师型”教师是高职教育对专业课教师的一种特殊要求，即教师具备两方面的能力，一是具有较高的文化和专业理论水平，二是具有较强的专业实践能力。

5. 完善课程体系，推动教学改革，把生态文明教育摆到素质教育的突出位置

首先，加强课程体系建设。海南医学院注重生态文明课程体系建设，“环境保护与生态文明建设”入选学校公选课，并于2019年建设成为海南省省级精品网络在线开放课程，已有来自省内外13所高校学生选择学习这门课。该课程对海南省生态文明建设历史及具体实施案例进行了讲述。其次，开展具有地方特色教材的编写工作。海南医学院加强生态文明相关教材和读物的编写工作，《环境保护与生态文明建设》以及本书主要是面向大学生的生态文明教育读物。海南医学院相关专业正在进行中小学生生态文明建设科普读物的编写工作。再次，开展生态文明教育教学改革。“基于海南地方特色的高校生态文明教育模式探索”已获批2019年度海南省高等学校教育教学改革研究重点项目，有力推动了高校生态文明建设的积极性。

总之，要将尊重自然、顺应自然、保护自然的生态文明理念贯彻到培养学生的方方面面，涵养其精神、培养其素质、引导其行动，使之成长为具有生态文明精神品格和实践能力的一代新人。通过海南省政府、省教育厅、地方政府以及省内大中小学的共同努力，海南省学校生态文明教育必将进入一个新的发展时期，更好地服务于海南自由贸易港建设。

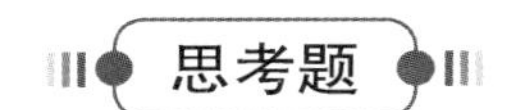

（1）生态文化的内涵是什么？

（2）简述开展生态文化建设的意义。

（3）海南省进行学校生态文明教育的方式有哪些？

（4）简述海南省实施生态文化教育的举措。

参考文献

［1］陈海兵．武汉市凤凰山破损山体植被修复效果研究［D］．武汉：华中农业大学，2012.

［2］陈祥伟，胡海波．林学概论［M］．北京：中国林业出版社，2005.

［3］陈宗兴．生态文明建设理论卷［M］．北京：学习出版社，2014.

［4］戴国水．河流生态修复理论及其应用［J］．区域治理，2019（50）：158－160.

［5］邓超杰．河流生态修复技术及其应用［J］．中国资源综合利用，2017，35（5）：41－43.

［6］邓旭，梁彩柳，尹志炜，等．海洋环境重金属污染生物修复研究进展［J］．海洋环境科学，2015，34（6）：954－960.

［7］狄乾斌，何德成，乔莹莹．海洋生态文明研究进展及其评价体系探究［J］．海洋通报，2018，37（6）：615－624.

［8］董欢．农村土地综合整治中的利益相关者分析［J］．西北农林科技大学学报（社会科学版），2014，14（4）：1－7.

［9］杜一鹏．构建生态文明社会的文化溯源［J］．新西部（理论版），2014（2）：2－3.

［10］丰文林．构筑大力推进生态文明建设的社会方法［J］．贵州民族大学学报（哲学社会科学版），2013（3）：57.

［11］冯留建，王雨晴．新时代生态价值观指引下的生态文化体系建设研究［J］．华北电力大学学报（社会科学版），2020（6）：9－15.

［12］冯熙钦．四川省森林生态系统环境脆弱性评价［D］．成都：四川农业大学，2018.

［13］符国基．国家生态文明试验区（海南）比较优势与建议［J］．生态经济，2020，36（7）：216－220.

［14］傅秀梅．中国近海生物资源保护性开发与可持续利用研究［D］．青岛：中国海洋大学，2007.

［15］高吉喜．我国生态文明社会建设的背景与对策［C］．第五届环境与发展中国（国际）论坛文集，2009.

［16］高晓薇，秦大庸．河流生态系统综合分类理论、方法与应用［M］．北京：科学出版社，2017.

［17］国家统计局．中国统计年鉴［M］．北京：中国统计出版社，2015.

［18］国家统计局农村社会经济调查司．中国农村统计年鉴［M］．北京：中国统计出版社，2015.

［19］海南省生态环境厅．海南省生态环境状况公报［R］．2019.

［20］海南省统计局．海南省统计年鉴 2020［M］．北京：中国统计出版社，2020，383－394.

［21］海南省统计局．海南统计年鉴 2019［M］．北京：中国统计出版社，2019.

［22］郝晶，符国基．海南生态旅游发展历史概述［J］．农村经济与科技，2018，29（14）：76－78.

［23］胡凤启，宋平原，李涛．河流特征与河流生态系统的功能探讨［J］．黄河水利职业技术学院学报，2017，29（1）：14－16.

［24］胡靖洲．医疗旅游目的地竞争力评价研究：以海南省为例［D］．海口：海南大学，2019.

［25］胡荣桂．环境生态学［M］．武汉：华中科技大学出版社，2012.

［26］胡霞．现代农业经济学［M］．北京：中国人民大学出版社，2015.

［27］江海声，陈辈乐，周亚东，等．海南鹦哥岭自然保护区生物多样性及其保育［M］．北京：中国林业出版社，2013.

［28］姜欣辰，刘元．城市转型发展视角下山体修复工作：以三亚抱坡岭山体修复工作为例［J］．建设科技，2017（21）：21－25.

［29］蒋会成．融入“双循环”打造国际医疗旅游新高地［N］．海口日报，2020－12－24（007）．

［30］蒋会成．先行先试为国际医疗旅游发展探路［J］．今日海南，2019（3）：26－28.

［31］蒋云峰，王梅顺．农田生态系统服务功能及其生态健康研究进展［J］．农村经济与科技，2016，27（21）：5－6.

［32］金瑞林，汪劲．环境与资源保护法学［M］．3 版．北京：高等教育出版社，2013.

［33］雷丹．对海南生态文化建设的几点思考［J］．海南师范大学学报（社会科学版），2009（S1）：105－108.

［34］李飞朝．论河流生态修复的技术［J］．南方农机，2019，50（24）：51.

［35］李红英．我国生态文明建设的发展历程［J］．河北金融，2019，42（8）：69－72.

［36］李立．海南省入境旅游时空格局及影响因素研究［D］．海口：海南师范大学，2020.

［37］李莲莲，蔡余杰，赵光辉．供给侧改革：中国经济夹缝中的制度重构［M］．北京：当代世界出版社，2016.

［38］李松，李舒婷．海南国际医疗旅游发展问题与对策探析［J］．今日财富（中国知识产权），2020（9）：163－167.

［39］李文静．破损山体生态修复初探［D］．天津：天津大学，2015.

［40］李晓洁，刘瑞霞，傲德姆，等．黑臭水体综合整治案例分析：以海口市美舍河为例［J］．环境工程技术学报，2020，10（5）：：7 33－739.

［41］李玉萍．论海南省农业可持续发展［J］．热带农业科学，2013，33（8）：85－89.

［42］李云哲，孙涛，陈少康．海南省中小型湖泊（水库）湿地保护研究：以大广坝水库为例［J］．乡村科技，2018（33）：116－118.

［43］梁振君．两大一高：新型工业的海南道路［N］．海南日报，2013－04－26（T22）．

[44] 林晓东．海南人工草地土壤有机碳及牧草腐解特征研究［D］．海口：海南大学，2011.
[45] 林育真，付荣恕．生态学［M］．2 版．北京：科学出版社，2020.
[46] 凌斌．乡村振兴背景下海南生态循环农业发展思路研究［J］．海南广播电视大学学报，2020，4：54－58.
[47] 刘冬梅，高大文．生态修复理论与技术［M］．2 版．黑龙江：哈尔滨工业大学出版社，2020.
[48] 刘建波，温春生，陈秋波，等．海南生态产业发展现状分析［J］．热带农业科学，2009，29（1）：39－43.
[49] 刘磊，王宇峰，丁文，等．浅析我国农田土壤重金属污染修复现状［J］．环境科学，2019，16（15）：131－135.
[50] 刘鸣达，黄晓姗，张玉龙，等．农田生态系统服务功能研究进展［J］．生态环境，2008，17（2）：834－838.
[51] 刘兴元，龙瑞军，尚占环．草地生态系统服务功能及其价值评估方法研究［J］．草叶学报，2011，20（1）：167－174.
[52] 刘艳玲，王如松，欧阳志云．海南生态文化建设的战略［C］．中国科协 2004 年学术年会海南论文集，2004.
[53] 刘元，姜欣辰．三亚市抱坡岭山体修复规划［J］．城市规划通讯，2017（6）：15－16.
[54] 柳小妮，孙九林，张德罡，等．东祁连山不同退化阶段高寒草甸群落结构与植物多样性特征研究［J］．草业学报，2008，17（4）：1－11.
[55] 鹿红．我国海洋文明建设研究［D］．辽宁：大连海事大学，2018.
[56] 栾建国，陈文祥．河流生态系统的典型特征和服务功能［J］．人民长江，2004，（9）：41－43.
[57] 孟柱．海南岛砖红壤中 Cr 含量、分布及污染评价［D］．海口：海南师范大学，2013.
[58] 内蒙古自治区环境保护宣传教育中心．环保干部知识手册：生态文明建设和环境保护常用法律法规汇编［M］．北京：中国环境出版社，2016.
[59] 欧伟强．浦东开发开放 30 年发展经验对海南自贸港建设的启示［J］．新东方，2020，（4）：13－17.
[60] 庞博．离岛免税新政实施以来免税购物金额达 108.5 亿元［N］．新华社，2020－10－27.
[61] 裴真．海南生态工业发展的几个问题［J］．琼州大学学报，2000，（3）：88－92.
[62] 裴真．海南省生态工业发展的几个问题［J］．海南金融，2000（9）：30－33.
[63] 裘知，王睿，李思亮，等．中国湖泊污染现状与治理情况分析［C］．第五届中国湖泊论坛论文集，2015.
[64] 任海，邬建国，彭少麟．生态系统健康的评估［J］．热带地理，2000，20（4）：310－316.
[65] 尚红，吕俊，杨松，等．山体不稳定边坡生态修复技术研究［J］．山东林业科技，

2014, 72 (6): 81 -83.
[66] 盛连喜. 环境生态学导论 [M]. 3 版. 北京: 高等教育出版社, 2020.
[67] 宋明华, 刘丽萍, 陈锦, 等. 草地生态系统生物和功能多样性及其优化管理 [J]. 生态环境学报, 2018, 27 (6): 1179 -1188.
[68] 孙铁玉. 关于海南发展生态友好型农业的思考 [J]. 当代农村财经, 2019 (7): 57 -59.
[69] 田文仲, 章一鸣. 海南发展健康产业大有可为 [J]. 慢病与产业研究, 2020, (12): 61 -64.
[70] 涂金花. 人类活动对湖泊生态系统服务功能的影响评价 [C]. 武汉市第三届学术年会: 两型社会与水生态城市建设学术研讨会论文集, 2008.
[71] 推动海南生态文明建设再上新台阶: 深入贯彻落实习近平总书记 "4·13" 重要讲话精神系列评论之五 [N]. 海南日报, 2020 -04 -07 (A07).
[72] 王晨, 李婧, 赖文蔚, 等. 海口市美舍河水环境综合治理系统方案 [J]. 中国给水排水, 2018, 34 (12): 24 -30.
[73] 王春英, 仲昭旭. 习近平生态文明思想与生态文化体系建设研究 [J]. 牡丹江师范学院学报, 2021 (1): 40 -49.
[74] 王东胜, 谭红武. 人类活动对河流生态系统的影响 [J]. 科学技术与工程, 2004, (4): 299 -302.
[75] 王风. 杭州萧山城区山体综合保护规划研究 [D]. 西安: 西安建筑科技大学, 2013.
[76] 王浩, 章明奎, 韩冰. 河流生态系统修复技术研究综述 [J]. 江西农业学报, 2008, (6): 105 -108.
[77] 王坚, 刘国道, 李雪枫, 等. 海南草地资源及其开发利用 [J]. 安徽农业科学, 2006, 34 (23): 6186 -6187.
[78] 王丽珍. 生态文明视角下的海南循环经济发展研究 [D]. 海口: 海南师范大学, 2012.
[79] 王明初. 海南生态文明建设的发展、成就与经验 [N]. 海南日报, 2018 -5 -24 (A07).
[80] 王一凡, 韩胜丁. 绿色发展与海南生态文明建设的实践与经验 [J]. 中国发展, 2016, 16 (2): 1 -6.
[81] 王雨辰. 论以社会建设为核心的生态文明建设 [J]. 哲学研究, 2013 (10): 100 -105.
[82] 王玉圳. 城市双修指导下的三亚山体修复规划探索 [A]. 共享与品质: 2018 中国城市规划年会论文集 (08 城市生态规划), 2018.
[83] 王悦, 廖文菊. 草原生态系统研究综述 [J]. 安徽农业科学, 2020, 48 (7): 20 -21, 26.
[84] 王遵锐. 共谋海南医疗产业新蓝图 [J]. 决策参考, 2019 (7): 55 -56.
[85] 魏小丹. 海南省全域旅游发展现状分析 [J]. 经济研究导刊, 2020 (15):

148 – 156.
[86] 温国松，钱建佐，何成，等．海南生态循环农业发展研究：以屯昌全县域生态循环农业发展为例［J］．农业与技术，2017，37（19）：168 – 171.
[87] 吴华盛．海南热带林的保护与发展［J］．热带林业，2000，28（2）：40 – 44.
[88] 吴有昌．林业在海南建设生态省中的地位与作用［J］．热带林业，2001，29（1）：1 – 8.
[89] 习近平．习近平谈治国理政：第1卷［M］．北京：外文出版社，2018.
[90] 谢作明．环境生态学［M］．武汉：中国地质大学出版社，2015.
[91] 邢巧，王晨野，王凌，等．促进生态文明建设的海南产业结构调整探讨［J］．生态经济（学术版），2011（2）：333 – 337.
[92] 杨波．生态学马克思主义及其对中国的生态文明社会建设的意义［D］．济南：山东师范大学，2014.
[93] 杨持．生态学［M］．3版．北京：高等教育出版社，2014.
[94] 杨丽蓉，陈利顶，孙然好．河道生态系统特征及其自净化能力研究现状与发展［J］．生态学报，2009，29（9）：5066 – 5075.
[95] 杨小波，吴庆书．海南省生态产业发展对策研究［J］．中国环保产业，2000（1）：28 – 29.
[96] 杨晓娟，吴丽文，林素敏．海南省生态旅游发展现状、问题及建议［J］．环境与发展，2020，32（9）：234 – 237.
[97] 杨雪．草原生态修复治理现状及措施［J］．畜牧兽医科学，2021（3）：136 – 137.
[98] 叶镜中．森林生态学［M］．哈尔滨：东北林业大学出版社，1991.
[99] 殷丽娜，郝桂侠，康杰．我国土壤环境污染现状与监测方法［J］．价值工程，2019，(8)：173 – 175.
[100] 于春伟，温莹莹，张军．浅谈高校大学生生态文明意识的培育途径：以海南医学院为例［J］．教育现代化，2019，6（A5）：265 – 266.
[101] 于钧泓，高桂林．完善我国农村大气污染防治的法律思考［J］．环境保护，2016，44（5）：51 – 53.
[102] 余顺慧．环境生态学［M］．成都：西南交通大学出版社，2014.
[103] 余云龙．基于GIS的海南岛土壤重金属含量空间分布与污染评价［D］．海口：海南师范大学，2013.
[104] 臧润国，丁易，张志东，等．海南岛热带天然林主要功能群保护与恢复的生态学基础［M］．北京：科学出版社，2010.
[105] 曾庆波．热带森林生态系统研究与管理［M］．北京：中国林业出版社，1997.
[106] 张佳，夏勇开．生态循环农业发展规划思路：以《海南省保亭县生态循环农业发展规划》为例［J］．产业发展，2017（6）：32 – 36.
[107] 张静波．生态文明与社会建设［M］．北京：中国劳动社会保障出版社，2013.
[108] 张明如，德永军，李玉灵，等．森林生态学［M］．呼和浩特：内蒙古大学出版社，2006.

［109］张艳蕊．我国农村生态文明建设模式研究［D］．兰州：兰州理工大学，2016.
［110］张占斌，王茹．习近平生态文明思想的发展历程、内涵特点和价值意蕴［J］．环境保护，2019，47（17）：14－22.
［111］章丹，刘萍．海南省全域旅游发展现状与策略研究［J］．绿色科技，2020，（19）：163－167.
［112］赵国鹏．海岸带海洋地质环境勘查中海底沉积重金属污染解析方法［J］．环境与发展，2019，30（12）：237－240.
［113］赵卫．海岸带海洋地质环境勘查及重金属污染分析［J］．世界有色金属，2018，（8）：287，289.
［114］赵云龙，汪汇源，徐磊磊，等．海南绿色生态农业发展存在问题及对策［J］．安徽农业科学，2020，48（12）：249－251，254.
［115］中华人民共和国生态环境部．中国生态环境状况公报［R］．2019.
［116］中华人民共和国水利部．2016年中国水资源公报［R］．2016.
［117］中央农业广播电视学校组．森林经营与利用［M］．北京：中国农业出版社，1996.
［118］中央农业广播电视学校组．森林经营与利用［M］．北京：中国农业出版社，1996.
［119］周珂．生态文明建设与法律绿化［M］．北京：中国法制出版社，2017.
［120］周立华，刘洋．中国生态建设的回顾与展望［J］．生态学报，2021，41（8）：1－9.
［121］周义龙．海南“国际旅游消费中心”建设与入境医疗旅游产业发展探讨”［A］．2020中国旅游科学年会论文集，2020：195－202.
［122］周义龙．海南发展入境医疗旅游的对策建议［N］．海南日报，2020－02－19（A09）．
［123］朱忠保．森林生态学［M］．北京：中国林业出版社，1991.
［124］CHESSON P. Mechanisms of maintenance of species diversity［J］．Annual Review of Ecological Systems，2000，31（1）：343－366.
［125］STRATON A. A complex systems approach to the value of ecological resources［J］．Journal of Ecological Economics，2006，56（3）：402－411.